高效能領袖之道

THE TAO OF HIGH PERFORMANCE LEADERSHIP

關於封面

在封面上我們選了兩個非常重要的元素：

1. 道——這本書我們希望它提供一個方向，或者一條路，應該說「是個旅程」。透過練習讓每個讀者都可以大幅提升領袖力。

2. 圖表—— 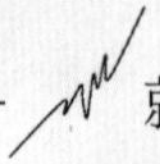 就如你所見，這個圖表描述了進化和成長的過程。我們把它稱為「共生成果表」。因為當使用它時，它幫忙創造了能量和靈感。它模擬了「大自然」成功的法則，而現今高效能的國家和公司，例如：中國大陸、蘋果、亞馬遜等，也都在用同一個模式。它也可以讓讀者自行訂做自己的旅程，只需要選讀對他們最有幫助的章節並練習章節的內容。

感謝 *Thank you*

對這本書付出和貢獻的人實在太多，在此要特別感謝幾位好朋友讓這本書可以問世。最要感謝的是 Jenny Chang 和 Joni Lerner。因為她們的幫忙和整理才讓這本書成功出版，尤其是她們溫柔的推動讓這個任務可以順利達成。

謝謝 Randy Hunt、Carlos Fernandez、Eric Cho、Julian Hung 和 Franklin Fan 老大，所有這些卓越講師群影響成千上萬的人讓這個世界不一樣。另外還要感謝深圳精英行 Estella 和 Candy 的支持，感謝 John Thompson 提供傑出的商業觀點，謝謝 Dean Hallett 一個真正的高效能領袖。

最後要感謝來自世界各地至少 10 萬多名學員和上百家公司行號，他們對我們的學習和生命做出偉大的貢獻。

Contents

前言

Peter 在過去 20 幾年、Jack 在過去 40 年，有機會在各地舉辦工作坊，成為高層領袖教練、演講、與大型組織和小型創業公司一起引導營運文化改革。

在那期間，有個一直反覆出現的主題——**領袖力**。領袖主題總會帶出——誰要帶領？要如何帶領，以及要如何有效率？坊間也有成千上萬本關於這類主題的書，但本書將讓你發掘跟坊間不同的觀點。

我們會從問題開始，並提供一些定義，作為這本獨特書籍內容的地基。你是一位領袖嗎？一般來說，一部分的人會回答「是」，一部分的人會回答「不是」，但大部分的人會回答「要視當下的情況」。關鍵是你如何決定自己的答案呢？是基於什麼觀點？你如何定義領袖？

領袖是否有很多不同類型呢？一般人大部分都會透過比較來定義領袖。他們會說或想「他或她是一個領袖」，因為他們勇於表達和經常衝第一，他們果斷，通常也會引導其他人方向。而對於他們自己，他們會回答：「我大部分都是選擇性地發表自己的意見和堅持自己的立場。我跟他們不一樣並非生下來就是個領袖。」

本書將會釐清一些關於領袖的基本論述：

1. 領袖不是天生的，而是開發出來的！

2. 每個人在不同的領域都是領袖，也就是說，我們都會留下像船航行過後的水波，有些水波會比其他大，但每個人都會透過不同的方式──有為或無為影響著彼此。簡單來說，你重要，我們也重要，不管是用何種方式呈現。

3. 如果你願意帶著醒覺力，鍛鍊和努力，你不只能成為一個領袖，更會是一個高效能領袖。如果你已經是一個有效能的領袖，那就讓自己提升到更高層次。

在這解釋一下我們的定義：

- **經理：透過他們的權威讓人們行動。**

- **領袖：透過對目標或目的的共識讓人們行動。**

- **高效能領袖：透過共識和啟發讓人們行動。**

高效能領袖力會創造出異常的經驗和結果；高效能領袖不需要依賴職稱或者權威，更不需要掌聲。我們最喜歡的一個例子就是甘迪（Ghandi），他是一位改變成千上萬生命的高效能領袖。現在，我們已經定義了關於這個旅程或者這條路（道）的目標。

再來，我們也要釐清本書獨特的使用方法和觀點。我們不會要你念幾百頁無法記住的說教內文，反之，我們的策略是讓你可以更精進地透過「探索發現」去學習！

本書是針對個人設計——只是給你！它提供不同的選擇，讓你塑造旅程。本書也在一些章節提供了練習，讓你可以更鞏固洞見。我們樂見你享受旅程，因為我們知道，當學習同時是有效和好玩的時候，那它就會變得更有價值！

當你準備好開始時，請記住你目前的狀態和頭銜都跟這個旅程無關。唯一有關的是探索的熱誠和精進的自己！

介紹 — 第一步
高效能領袖之道

歡迎來到這個關於自我成長和自我發掘的獨特觀點，我們稱之為──**高效能領袖之道**。

這個旅程將以一首詩、一個故事和一個挑戰開始。任何自我成長的路都需要從「改變」開始。從定義來看，任何形式的改善必須是改變了一些想法、行為，以至於改變了最終結果。我們相信有效並可永久改變的是源自於思考方式，因為我們的想法影響著選擇和行為。

讓我們從這首《GO-Round》的詩開始吧！

當你總是想著你過去所想的
你就會感覺你過去所感覺的
當你總是感覺你過去所感覺的
和總是做你過去所做的
你就會得到你過去所得到的
當你總是得到你過去所得到的
那你就會想你過去所想的

接著讓我們用肯 ‧ 凱耶斯（Ken Keyes, Jr.）《幸島的一百隻猴子》故事來釐清高效能領袖力。

話說，在日本宮崎縣有座迷你島嶼——幸島（Koshima），那邊的野生猴子已經被研究了將近30年，1952年科學家提供番薯給當地的猴子食用，但番薯總是沾滿泥巴，雖然猴子們很喜歡番薯卻討厭上面沾滿了泥巴。有一隻只有18個月大的母猴子IMO，牠找到了解決方法就是將沾滿泥巴的番薯拿到附近的小河裡沖洗乾淨。牠教導其他猴子這個方法，後來的6年，有越來越多猴子學習了這個社會成長。故事的重點是，當幸島上出現第一百隻「用水清洗番薯的猴子」時，在那個傍晚幾乎每隻猴子都會用水清洗番薯，第一百隻猴子的額外能量引起了意識形態上的突破。更神奇的是，同時間在另一個島上的猴子也開始用水清洗番薯。

當一個關鍵數字達到一個醒覺力，它就可以穿越任何界線。

很明顯的，那隻年輕猴子帶領了其他猴子去到更新的生活方式，而這隻猴子只是用不同的方式思考，跳脫傳統規範，離開牠的舒適圈。

牠的思想是有創意的，也把這個發現教導其他猴子，並改變了牠的社會（公司或家庭），這個故事完全符合高效能領袖力的定義。

最後，我們將用**挑戰**來結束前言。每個人都有潛能，每個人都有可能性，這是我們與生俱來的，只是很少意識到。我們的夢想在應對日常生活的掙扎中迷失了，或許這是人類存在最令人悲傷的部分——我們浪費了可能有所作為的禮物，而只在乎一小群人。所以，當你開始這條認知自己潛能和可能性的旅程時，請務必要挑戰自己而非只是維持平庸。

我們堅定地相信每位讀者都可以改變，都可以進步，都可以圓滿生命的使命。我們由衷希望本書在這條路上可以幫助你。而本書會來到你的生命裡，這也不是一個意外，你知道該怎麼做！

千里之行，始於足下。

第一步是：改變的模式

人們通常都會說：「我想要改變和有所進步，但我不知道怎麼做。」而這個迷惘就阻擋了很多人邁出重要的「第一步」。在後面的篇幅會提到關於「我要如何改變」，非常有力量的答案。我們非常有自信地知道這是一個非常有效的方法，因為已經有成千的人和公司受惠。而更重要的是，這個模式是模仿了「大自然」，大自然使用這個模式去進化已經有幾百萬年。當你在生命中不斷地運用，會發現這是一個最有效的方法。

為了說明生存和茁壯需要不停進化，我們在此舉個例子：

1949 年，全世界大約有 25%的農作物遭害蟲侵食，而人類為了減輕這個問題就發明了 DDT 殺蟲劑。剛開始，這些害蟲有被根絕。然而，40 年後，1989 年，全世界大約有 25%的農作物又遭害蟲侵食。這種 DDT 毒藥並未有效地減少這些害蟲，因為害蟲改變了，牠們進化並且茁壯。事實上，殺蟲劑反而產生更多毒素讓人類罹患各種癌症。昆蟲改變了，而人類卻致病死亡，除非人類願意開始更快速進化。如果我們認真去探索宇宙的定律，才能知道一些導致長壽、適應性和快速成長的基本真理。

讓我們來舉個例子解釋「大自然的定律」。當有一大堆的石頭要你分成一半，你可以有兩小堆的石頭。然而，當有一大頭的牛要你分成一半，你不會有兩小頭的牛，而是一頭死掉的牛。這頭牛就是大自然的定律，每個部分都有相互關係。當大自然定律剛開始構成時，會被周圍的環境支持，而成長也是快速的。這不只發生在大自然裡，放在關係上來看也是，例如：剛談戀愛時、小孩成長時，也包含公司企業剛起步時。在剛開始時，成長得非常快速，每件事都如此美好。然而過一段時間後，外在的因素將一條溫和的河流變成一道急速狂怒的激流——就如小孩來到動盪的青春期與家人開始爭吵時，或是公司開始面臨競爭和利潤減少時。

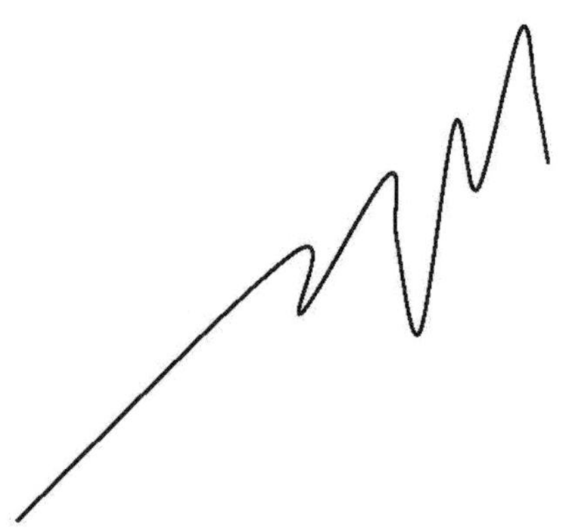

這些狀態稱為「擾亂不安期」──事情開始混亂。結果我們稱為「熵」，在科學裡大致解釋是混亂的意思，東西瓦解和能量遺失的狀態。而生物體或公司企業這時則要面對三個選擇：

1. 試著重新創造過去──這就好像邊開車邊看照後鏡，已經注定失敗。

2. 希望事情可以自己改變──「希望」永遠都不是最好的策略。

前兩個選項是一般人會做的選擇，但只有第三個選項才是最有效的：

3. 創造一個新的、令人信服、有願景的方式──**共生存方案。**

這是一個快速有效進化的自然方法，但需要創造一個有啟發性的願景，並且需要進一步的解釋。

美國太空總署 NASA 就有個很大的願景——探索太空。這個願景非常簡短，令人印象深刻且信服，並非只是一些無意義的文字，同時還需要更多的解釋和引導「目標」，就像探索土星。

最重要的是，**當在做評估、活動和目標釐清時，一個好的願景是可用來當參考框架。**譬如：想像有人把筆舉在肩膀的位置然後問：「這枝筆是在比較高的位置，還是比較低的位置？」為了可以回答問題，我們必須先問：「是跟什麼比較？」你必須有個框架當參考才可評估和提供答案。如果說是跟地板比較，那你就知道筆是在比較高的位置。

一個有力量的願景是可以讓你回答任何關於自己的主要問題，而最重要的是關於你的路。那要怎麼做呢？還記得成長的旅程會伴隨混亂嗎？而唯一的出路是創造一個願景，讓中間的那個差距可以被分析。

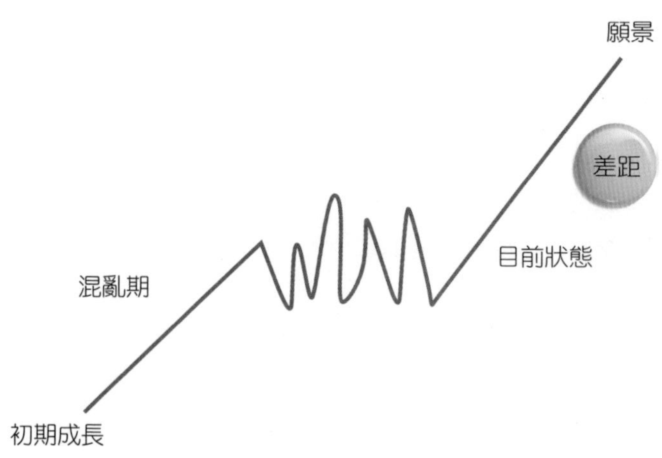

夾在你目前狀態和你想要的未來中間的差距，可以用三個主要問題去檢測。

為了從我所在的地方到達我想去的地方，我會問：

1. 有什麼是我要保留的？

有什麼東西是我原本就擅長的？有什麼是行得通，在這個旅程可以幫助我達到願景？

2. 有什麼是我要刪除的？

這是一個最難的問題，因為作為人類的我們，已被訓練要緊緊抓住過去那些所知道的方法。然而你會慢慢發覺，許多信念和思維模式都不利於實現我們所尋求的成功。

3. 有什麼是我要創造的？

有什麼新的習慣和行為是可以讓我**停——看——選擇**，並包含在我的旅程裡去創造一個有意義的生命？我需要注意些什麼來強迫和鍛鍊？

當我們問自己這些問題時，誠實地回答是主要的關鍵，引領你的路去到更高的績效。誠實可以讓你創造一個進化的計畫和必要的行動。

現在讓我們開始吧！

選擇的過程

對有些人來說，要選擇出哪些屬性要保留和創造的，比刪除障礙相對容易。如果你也是這樣，那很棒。但如果相反，你則需要一點指引，那我們很榮幸可以提供一些方向。所以在你進行到保留／創造／刪除的列表前，請參照以下指引：

周哈里窗圖
JOHARI WINDOW CHART

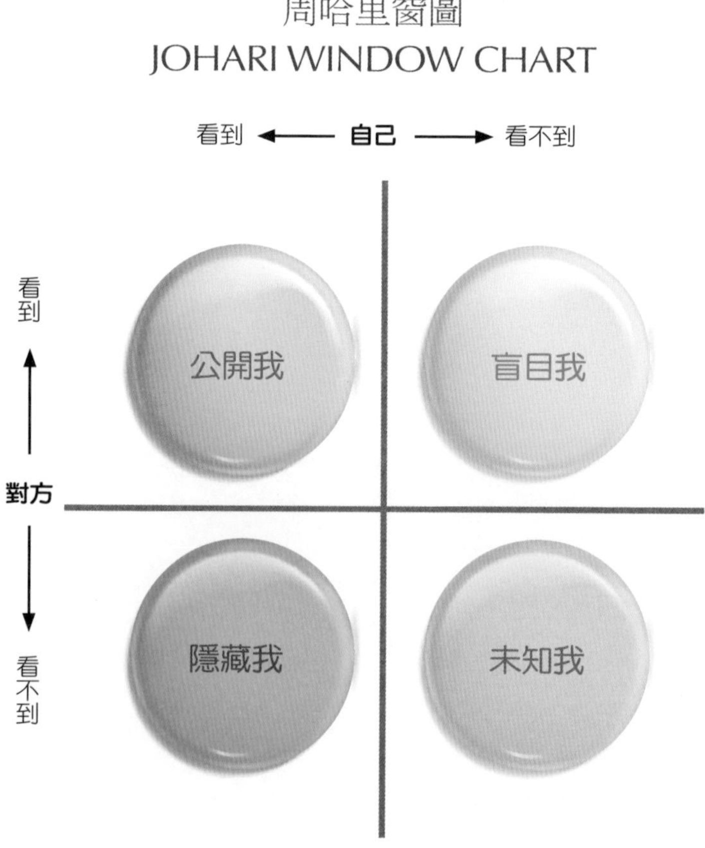

1. 首先，可以找一些你信任的朋友、家人或同事給予一些回應。周哈里窗表（The Johari Window Chart）可以解釋這些好處。

這個圖表有 4 個組合──自己知道／自己不知道／別人知道／別人不知道的我自己。

而 4 種組合分別是（1）公開我：我看到我自己和別人也看到的。（2）盲目我：我看不到自己但別人看到的。（3）隱藏我：我看得到自己但別人看不到的，隱藏起來的。（4）未知我：我看不見別人也看不見的。如果我將自己揭開說出真實的自己並聽取一些意見（盲目我），那就可以打開一些可能的知識和之前未知的議題，獲取一些意見！

2. 以下是我們提供關於那兩張列表的一些意見。雖然裡面要保留、創造的特點已經被仔細思考過並對高效能領袖非常重要，但如果你時間緊迫或者想要獲得一個快速啟動，有幾個選項是屬於基礎性的──它打開了其他特點的大門。

- **自我醒覺**──改變需要專注和練習，所以你必須擴張對自我和他人的意識。

- **真實**──所有真實性的組件都是高效能領袖力的主要因素。

・**脆弱**——請記得這並非一個負面的意思，而是讓生命完全沒有恐懼地活著，它打開熱情、冒險、勇氣、非凡、創造力、創新、自信和鼓舞團隊，所以脆弱是非常重要的。

就行動而言，還有幾個技能章節可以去強調和發展：

・**建立地基**——可以創造有共識的會議和鼓舞團隊，此章節也提到了願景、目標設定和目標達成。

・**建立信任和尊重**——涉及誠實和反映價值觀與誠信。

・**教練式指導**——用清晰的溝通去培養共同的合作、貢獻、影響和引發他人。

你覺得以上這些意見有幫助到你嗎？此外，還有更多：

◎ **如果你告訴自己你太害羞了或你不是領袖**——請參考一下保留和創造章節裡的自信、脆弱、勇氣、真實、冒險。然後在刪除章節的恐懼、受害、拖延中繼續努力。

◎ **如果你告訴自己不用改變**——請參考刪除章節中的自我意識、固執、不誠信。並讓自己專注於保留和創造章節中的自我醒覺、誠實、脆弱、開放。

◎ **如果你告訴自己你太忙碌**——請參考保留和創造章節中的減壓、願景、目標設定、目標達成、鼓舞團隊（授權）、負責任、相互合作，以及刪除章節中的受害者、恐懼和拖延。

避免只想著選完美的選項，開始就對了！

自我評估——花點時間想想，並誠實的評估自己。有些事情對你來說很清楚，有些則不是很清楚。先從對你來說最清楚的開始，要誠實，並且在進行中建立洞見。

以下是成為高效能領袖願景相關的兩個列表，第一個列表是 28 個關於高效能領袖力的正面屬性，請圈出那些你已經擅長的特質——**保留**。這些可以在進行的過程中練習和加強。

第二個列表是阻擋高效能領袖力的想法和行為，而很不幸的，它們往往非常普遍。

在開始進入對自己刪除的測驗前，先來閱讀這個小故事：

有個小男孩，每天都看到父親要出門工作時總會到食物儲藏室裡，從籃子裡抓起兩大把花生。所以小男孩問父親——為什麼要這麼做？父親對他解釋，就算這些花生都已經發霉了，嘗起來也不再那麼美味，但是，這些花生至少可以讓他一整天不會飢餓。當然，這個小男孩很快便學習了父親的行為，每天去學校時他也會抓兩大把發霉的花生。

而有一天學校舉辦了派對，桌上有許多美味又新奇的食物，這個小男孩很想要試試這些新的選擇，卻無法拿到，因為他的手中已經是滿滿的花生。如果小男孩想嘗到美味的食物，首先，他需要「放下」手上緊抓的舊有東西。

圈出有哪些行為是你必須──**刪除**！最後，回到 28 個正面屬性的列表。這個過程可以非常有趣和興奮，因為這是個機會嘗試新的東西。圈出有哪些屬性你要──**創造**！

保留選項

以下所列出代表不同的 being（成為），關於你的態度和方法，還有高效能領袖會一貫實行、更詳細的行動。

第一步的保留將允許你有機會去選擇、分辨、練習和重新強化已經熟練的東西。這 28 個選擇是有意圖地提供建造平台的第一步。

現在請圈出至少 4 個你想保留，然後進行到第二步──**刪除**。

1. 自我醒覺 Self Awareness
2. 願景 Vision
3. 目標設定 Goal Setting
4. 目標達成 Goal Achieving
5. 冒險 Risking
6. 承諾 Commitment
7. 貢獻付出 Contribution
8. 勇氣 Courage
9. 熱情 Passion
10. 開放 Open
11. 卓越 Excellence
12. 負責任 Responsibility

13. 相互合作 Collaborative
14. 誠實 Honest
15. 創造力 Creative
16. 創新 Innovative
17. 真實 Authenticity
18. 脆弱 Vulnerability
19. 清楚溝通 Clear Communication
20. 教練式指導 Coaching Others
21. 減輕壓力 Reducing Stress
22. 影響他人 Influencing Others
23. 引發 - 感召 Enrollment
24. 建立地基 Establishing Foundation
25. 授權團隊 Empower Teams
26. 建立信任和尊重 Build Trust & Respect
27. 價值和誠信 Value & Integrity
28. 自信 Self Confidence

刪除選項

以下所列出的讓你有個機會可以誠實地問自己：「什麼是阻礙我成為高效能領袖的原因？」然後做些改變。請留意大部分的議題可能已經成為習慣，它需要更有企圖心和勤奮願意改變的心。當你消除這些毒性行為和態度時，就可以自由地生長和開花。

現在請圈出 4 個你要刪除的，然後進行到最後一步——**創造**。

1. 自我中心 Ego-Driven
2. 恐懼 Fear
3. 不誠實 Dishonest
4. 不誠信 Out of Integrity
5. 控制 Controlling
6. 受害 Victim
7. 固執和沒彈性 Stubborn & Inflexible
8. 拖延 Procrastination

創造選項

對於大多數要進行改變和自我改善的人來說，這個部分是非常有趣和興奮的。不像前面幾個刪除選擇，當要破壞一些壞的習慣時，會讓人覺得有些繁重。創造選項可讓你在生命中分辨和練習新的事物。

請圈出至少 4 個創造選項，然後進行到**總結**，並開始你的旅程。

1. 自我醒覺 Self Awareness
2. 願景 Vision
3. 目標設定 Goal Setting
4. 目標達成 Goal Achieving
5. 冒險 Risking
6. 承諾 Commitment
7. 貢獻付出 Contribution
8. 勇氣 Courage
9. 熱情 Passion
10. 開放 Open
11. 卓越 Excellence
12. 負責任 Responsibility
13. 相互合作 Collaborative
14. 誠實 Honest

15. 創造力 Creative
16. 創新 Innovative
17. 真實 Authenticity
18. 脆弱 Vulnerability
19. 清楚溝通 Clear Communication
20. 教練式指導 Coaching Others
21. 減輕壓力 Reducing Stress
22. 影響他人 Influencing Others
23. 引發 - 感召 Enrollment
24. 建立地基 Establishing Foundation
25. 授權團隊 Empower Teams
26. 建立信任和尊重 Build Trust & Respect
27. 價值和誠信 Value & Integrity
28. 自信 Self Confidence

第一步總結

現在你已經確定並選出了各種態度和行動來讓自己實行。

請寫下你所選擇的：

保 留	刪 除	創 造
1.	1.	1.
2.	2.	2.
3.	3.	3.
4.	4.	4.

以上列表將代表你成為高效能領袖的途徑，當然它還需要承諾和努力。

聽過一句老話嗎？「如果這很容易，任何人都可以做到」，它並非總是那麼容易，但你不是「任何人」，你是個正走在一條非凡道路上的人。

本書接下來會有 36 篇簡短的章節——28 篇關於保留和創造，以及 8 篇關於刪除。

請利用你**第一步總結**這個表格，進行到你所選擇的章節，研讀、學習、汲取洞見練習，並蛻變自己！記得不要拖延，現在就開始吧！不是現在就是太遲！

恭喜你，並祝你好運！

保留和創造篇

KEEP and CREATE

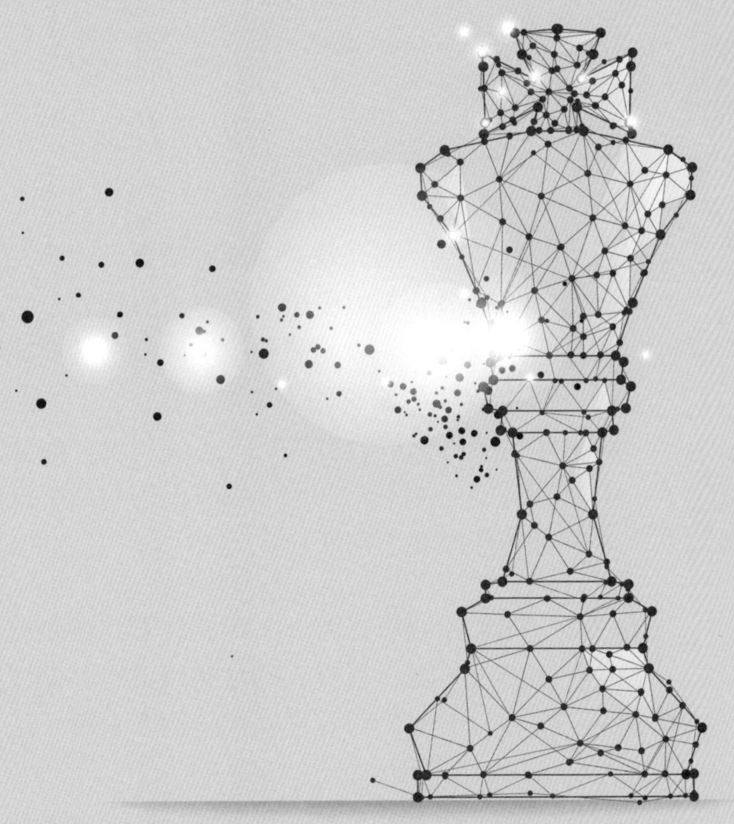

保留和創造篇

第1章 自我醒覺

要成為一個高效能領袖需要很多元素的構成並了解自己的潛能，但最重要的是「**醒覺力**」，為什麼呢？簡單來說，高效能需要改進你當前的技能，而改進則需要改變。當你沒有意識到時，是無法改變任何東西。雖然我們也會提供一些關於提升醒覺力的商業範例，但一件平常在生活中發生的事或許就能幫助你看到為什麼我們需要它。

如果你開車在路上，可能會看到很多所謂「糟糕的司機」，雖然有些真的是開得不好，但大部分是開車不專心。他們可能被外在事物所干擾，或許是手機，或許是工作上的煩心事，讓頭腦無法停止思考。但事實上，大部分的人都是自動化地在開著車，就像走路一樣。

想像如果你自動化地在高速公路上開車，而突然間有輛車在你前面停下來，你第一個反應會做些什麼呢？大部分的人會說：「緊急踩煞車啊！」但這並非最正確的反應。首先，你可能要慢慢靠邊，或者要不斷踩踏著煞車，以避免後方車輛追撞。所以第一時間要做的反應是──**醒過來！**然後你才有機會做選擇！當在公司遇到狀況時，這樣的醒覺順序也是很重要的關鍵，因為如此才有機會做出更好的選擇！

假設你要開設一家新的公司，而決定指派你的夥伴去購買電腦和軟體供公司使用，但是你並不知道這位夥伴不懂電腦也沒能力完成這項任務，因為他只具備一點電腦常識。所以必須怎麼做才能成功呢？很明顯地，你必須找一個有能力、學習力強的人來擔任這個任務，**知識就是一個提升醒覺力的過程**。當知道需要什麼和有什麼是可用的，就有機會做出好的選擇。當做出好的選擇時，就可以創造好的結果。

成功祕訣方程式：
提升醒覺力——創造好的選擇——創造更好的結果

很多年前有人曾經對上百家公司的 CEO 總裁做了一個研究，他們被問了兩個問題，第一個問題是「什麼是你最害怕的？」第二個問題是「什麼是導致你晚上無法睡覺的原因？」而根據研究發現了一個非常深刻的答案：「我不擔心公司的業績、生產線的進度，或者行銷部的作業，因為我有一群有能力的員工幫我在各個部門努力著，而最令我擔心的是**我們不知道我們不知道**。」我們是無法改變沒看見或者不知道的事物。所以必須**醒過來！**

讓我們來做一個關於醒覺和改變的簡單練習。

首先將你的手指交握，這你可以很容易且舒服地做到，接著留意是哪隻大姆指在上面？然後手放開，把雙臂往身旁兩側伸展。再次把你的手指交握，這次把剛才在下的大拇指放在上面，感覺如何呢？或許有些不舒服但還可以接受吧！或許你只是需要再多嘗試個幾次。

現在把你的雙手抱在胸前，哪一隻手在裡面，哪一隻手在外面呢？非常舒服吧！鬆開你的手，接著再次把手握在胸前，這次將手相反方向交握。是不是有點難度？對大部分的人來說，做這個動作是需要專注的，它無法自動化去完成，甚至有些人會說「根本做不到」。其實做得到，只是同時需要醒覺力和練習去改變這個習慣。

在我們繼續進行之前，請給自己一些時間停下來自問：「我是不是有些習慣，對我自己、對我的同事、對我的團隊，很自動化地運作，其實它是需要被改變的呢？」如果我／我們都願意醒過來，做些選擇去改善，要如何才能實現高效能呢？

或許常看到公司主管犯下最破壞性的一個錯，就是以為他們已經「意識到」。如果你也掉進這樣的陷阱，以下內容可以參考看看。

在很多年以前，亞伯拉罕・馬斯洛（Abraham Maslow），一個有名的心理學家對一些很棒、非凡的人做了研究，例如：亞歷山大大帝、拿破倫、佛洛伊德等等。馬斯洛想了解為什麼這些偉人可以成功，而他的結論是一個啟示──**他說這些人只是比其他人更醒覺**。事實上，他們用了差不多 10%的醒覺能力，而我們大部分的人只用了 5 ～ 6%。潛意識就像是座冰山，只有一小部分顯示在表面，而大部分則存在於底層。心理學家形容，這樣的狀態讓我們不斷盲目地活在過去的老唱片內，並產生一個我們以為在選擇著的幻象。他們說事實上，我們只是自動化，可被預估地活在自己的舒適圈裡。你並不需要完全同意這些說法後才能看到自己醒著的價值。高效能領袖是要不斷地練習，去提升他們的醒覺力，此外，當他們在做重要的決議時，還要包含很多的人，因為身旁的人可以看到他們所看不到的盲點，我們會在後續其他章節再多提一點關於合作的內容。

接著用個故事來作為「醒覺力」章節的結尾：

很多年前我做了一個親密關係工作坊，大約有200多人參加。在課程開頭我問了大家一個問題：「有誰自認為是很會經營親密關係的？」在後排的一個男士很快、很熱情地舉了手，我當時很好奇地問他：「你是如何知道你自己很厲害呢？」他很快地回答：「因為我已經結婚4次了。」台下的每個人都笑了出來，很明顯地，如果他很會經營關係，就不會結婚、離婚那麼多次了，事實上，他並不會經營關係，而他並沒有醒覺到自己的無能力。

這個故事要啟發我們什麼呢？**醒過來——你才有機會改變和改善**，才能成為一個高效能領袖。

保留和創造篇

第2章 願景和目標

以下三個章節是形影不離的，當你真心承諾要改變和改進自己的生命及／或其他人的生命，每個章節都息息相關。**願景**是非常重要的一個環節，它將是引導你生命的方向和動力。就像你需要一個羅盤去環繞地球，或是發掘新的領域。你需要一個願景去堅持一條成功路途。如果你曾嘗試為公司獲得外部融資，一定需要有份完整的企劃書去指引目標、策略、行動和參與度等等。然而，儘管願景在生命中至關重要，大部分的人關於自己的生命都「沒有」願景，他們無法將目的和引導力接軌。這樣的狀況對一個高效能領袖來說是無法被接受的。

海倫・凱勒（Helen Keller）說過：

「唯一比盲更糟的是有視力而無願景。」

當你已經得到適當的幫助，開始要編寫願景時，建立目標和行動計畫同等重要。

傳教士凡斯・海夫納（Vance Havner）說過：

「冒險必須伴隨願景，仰望梯子還不夠——我們得走上去。」

接下來三個章節是為了創造一個有力量的未來而設計的，包含了願景、目標和行動計畫，或許以下兩個語錄可以讓你在這個旅程中有所啟發。

「沒有目標的活動是無方向的。沒有遠見的目標是無意義的。」——Jack Zwissig

「沒有行動的願景只是一個夢想。沒有願景的行動只是打發時間，願景加上行動就可改變世界。」——Joel A。Barker

願景引導偉大

我聽過一個有關願景的最佳描述是來自於一個地方文化，他們珍惜與大自然的互動和關係。對他們來說，願景來自「照亮」這個詞。願景就像是太陽，照亮並溫暖每個人的生命。背離一個人的願景就像背對著太陽一樣——只能盯著冷冰冰的影子，就像盯著過去。如果要擁抱願景，就要有能力看到你所看不到的，即使沒有陽光的照耀。

成功的企業家希夫・凱拉（Shiv Khera）說過：

> 「擁有願景，它是去看見所看不見的能力。當你可以看見所看不見的，你就可以實現不可能。」

然而最重要的一個願景觀點就是——**你的出發點**，它是一個重要的參考框架。就像我把一支筆舉在肩膀高的位置問：「它是比較高，還是比較低？」你可能會反問：「和什麼比較？」如果你沒有參考的框架，是無法回答問題的。如果我是問：「比地板高，還是低？」你就可以容易地回答問題，因為你有一個參考值可以做比較，你會答比地板高。當你將願景作為參考框架時，它可以讓你堅持到底，劃分優先順序並且讓你感到**人生目的**的溫暖。

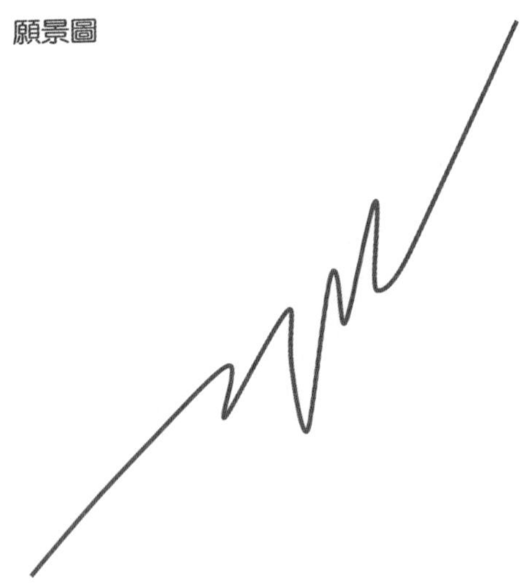

以下是一些創造新的願景時之參考資料：

1. 它必須是簡短、甜美、令人難忘的，還帶點小性感，當願景太過冗長時，你不會記住，所以也無法使用，就像我們新的項目 AI 手書的願景是「**影響千萬人**」──精闢簡短。

2. 它應該是有些含糊，而在設定目標時可以被帶出更多的解釋，就像 NASA 美國太空總署的願景──**探索太空**，是一個很廣泛的願景，卻可以持續共振至今，同時亦可以延伸至目標，例如：登陸月球或探索火星等等。

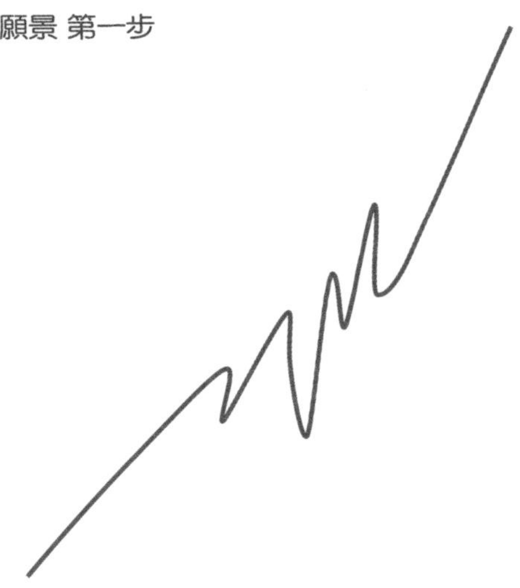

3. 它是參考框架並可以作為計畫的工具。有所美國大學的籃球隊願景——**帶給每個人一個「哇」的體驗**，每週他們都會創造新的、好玩有趣的體驗帶給來賓，讓他們體驗到「哇」的驚喜，那一季他們的球賽非常成功。

現在讓我們來創造出強大的引導動力，可為你的生命增添目的和意義的願景。在剛開始時不需要非常完美，通常都會先提供以下的願景去作為你的願景，直到團隊可以創造出個人獨特的願景。

我的願景是「在個人和專業上都開心和成功」。

大家可以自由使用這個願景，直到你感到舒適，可以創造出自己的願景。

請記住，這個是關於個人的願景，讓你可以開始往「高效能領袖之道」前進，透過你保留、刪除和創造，進而成為一個高效能領袖。

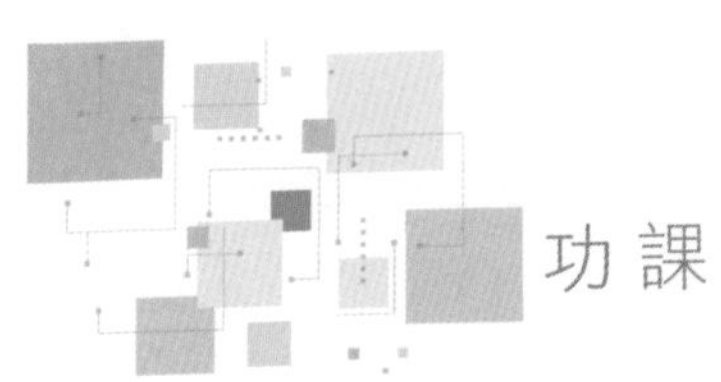

功課

1. 你看重什麼？什麼對你有影響？什麼讓你感到興奮？
2. 大部分的人很難看到可能性的未來，但請盡可能形容出 5 年後你想要怎麼樣的生命？感覺起來如何？然後找出主要的關鍵字和體驗並寫出你的願景。
3. 將你的願景分享給你信任的朋友們。
4. 持續練習這個願景兩週。

保留和創造篇

第3章 目標設定

歡迎來到目標設定的章節。這是一個非常特別的章節，不管你學過任何關於自己的或其他技巧，都可以把它套用在這個章節去顯化出結果。透過這個章節你可以去辨認出「更多」你想要的東西，「更少」你不想要的東西。這是什麼意思呢？

以下是一些例子：

- 更多的放鬆，更少的壓力。
- 更多的健康，更少的體重或戒菸。
- 更多的幸福快樂——透過創造新的關係。

當然，當你設定好目標和計畫，堅持並有承諾的行動時，就能夠創造出可衡量的結果。這聽起來是不是很令人興奮啊？希望你們都有這樣的興奮度，因為這裡談的是關於你的生命。不管你相信與否，很多人在改善生活時是會失敗的，因為他們在設定目標上是失敗的。但是如何失敗的呢？以下是一些原因供你參考：

1. 希望和願望：我們不夠詳細，大部分的時候，我們甚至不想付出代價或做任何犧牲而達到成功。例如：我希望可以中樂透，卻從來沒去買過。

2. 模糊不清：如果你的目標模糊不清，就無法讓你感到興奮而後去行動。例如：我希望工作可以有一點點改善。當你在想目標時，**「如果是令人興奮的，它們或許才是對的方向」**。

3. 應該：這些目標是別人要求你的，而不是你自己真正想要的。我有一個朋友說要戒菸，但從來無法做到。為什麼做不到呢？因為他自己並不想戒菸，而是別人希望他戒菸。

我們將會介紹一個設定目標的有效方式，但在此之前，先問問自己以下兩個問題：

花幾分鐘的時間停下來，想一想。請記住：

「當目標明確清晰時，結果就會發生。」

首先，花點時間想一下生命中哪一個領域對你來說是重要的，以下列出一些例子供參考。

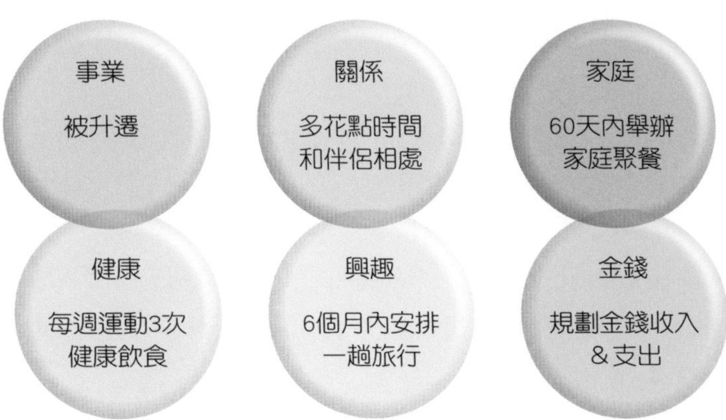

讓我們來練習如何更明確地設定目標，或者使用「S.M.A.R.T. 原則」來設定目標。

S.M.A.R.T. 原則——目標設定方法

- **S-Specific 明確**——目標不可以模糊不清，必須明確。例如：要減重 15 磅。

- **M-Measurable 可衡量**——目標必須可以被量化，如何知道是否達成目標呢？例如：每週量 2 次體重。

- **A-Assignable 可分配**——指定誰將操作。例如：我有責任要運動和吃得健康。

- **R-Realistic 實際**——是否可達成？如何在足夠的時間內成功？例如：我會在每週減重 5 磅，並連續持續 4 週。

- **T-Timeboard 有時限**——何時達成目標？例如：每週減重 5 磅，會在 3 週達標，如果沒有，將會在第 4 週達成目標。

1. 您正在考量的每個目標的理由或目的是什麼？為什麼你想要改變？

2. 你是否願意做些犧牲和努力去達到成功呢？

聽明的管理和承諾必能讓你成功。在這感謝 George T DORAM 的 S.M.A.R.T. 原則。請準備好紙筆或坐在電腦前或拿起 iPad，並確認自己真的很在乎成功。

現在請寫下 3 個在不同領域上的目標，這些目標將是非常明確、重要的。請用 S.M.A.R.T. 的目標設定原則，確保自己不拖延，儘快將這些目標寫下來。在我們進行到下一個章節前，請將你的目標與身邊可以支持並挑戰你的朋友、夥伴分享。

第 4 章 實現目標

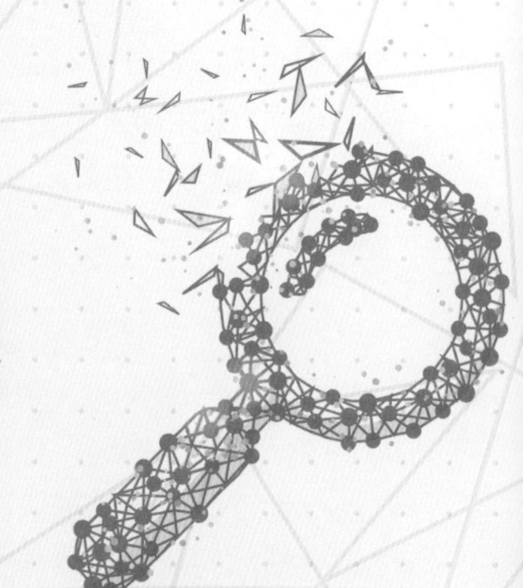

歡迎來到目標章節的第二部分。現在你已經建立了清晰、具體、可衡量等等的目標清單（S.M.A.R.T.）。再來就是要提供主要的元素去實現目標。

雖然有很多的元素可以幫助目標實現，例如熱情、自信、卓越、合作等等。但在此我們將它們再縮小範圍至 4 個重要的觀點：

1. 計畫。
2. 聚焦。
3. 負責任。

4. 持續承諾行動。

我們會再詳細地解釋每一個觀點，而當你學會掌握**成就達成**模式時，就可將它用在一個又一個的目標設定上，並可達成每個目標。

1. 計畫

「如果你沒有計畫，你將注定失敗」。想像你將要建一棟房子或者去一個長旅行，第一件你必須做的事是什麼呢？答案是——**計畫！**你不可能去機場櫃檯告訴地勤:「帶我去任何地方吧！」為什麼需要計畫呢？因為計畫就像一幅地圖，它在你努力往目標前進時，可以指引方向，就算途中你或許會做些調整，但它仍可以確保你在正確的道路上前進。

多年來在工作領域上觀察了一些主管後，我們發現關於計畫的技巧。在商場上有些主管比其他主管更容易達到目標，原因是什麼呢？我們發現一個主要的因素——這些主管在計畫實施上非常出色。此外，他們都會遵從一個形式——先從一個大方向開始（目的、願景），然後再遵從以下的階段，讓計畫變得越來越詳細明確。這個模式叫做「**成就漏斗**」。

成就漏斗是從願景開始，連結目標，然後再連結策略——策略的目的是為了達成目標，接著就是每個策略底下的活動，最後連結到結果——結果是每個活動的里程碑，並可被衡量的。

以下圖表讓你更清楚：

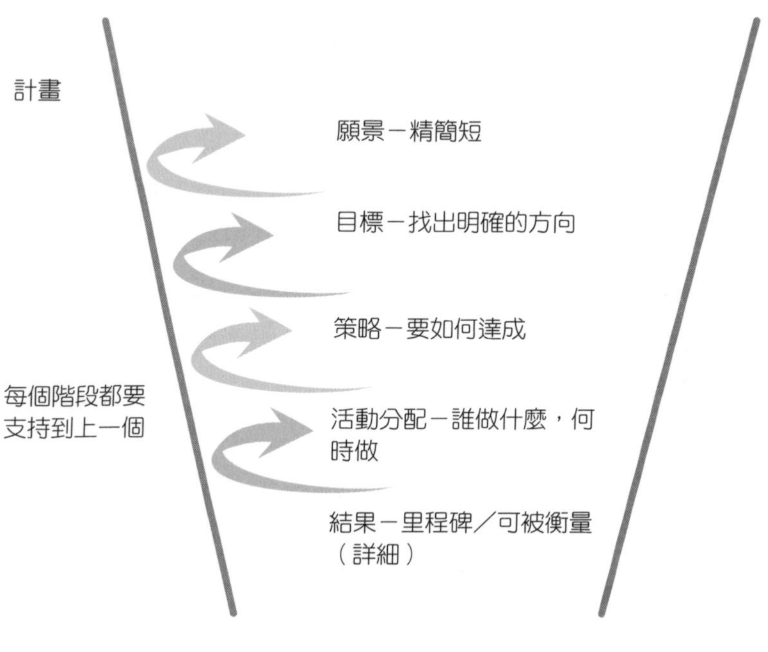
計畫
願景－精簡短
目標－找出明確的方向
策略－要如何達成
每個階段都要
支持到上一個
活動分配－誰做什麼，何
時做
結果－里程碑／可被衡量
（詳細）

▲成就漏斗模式

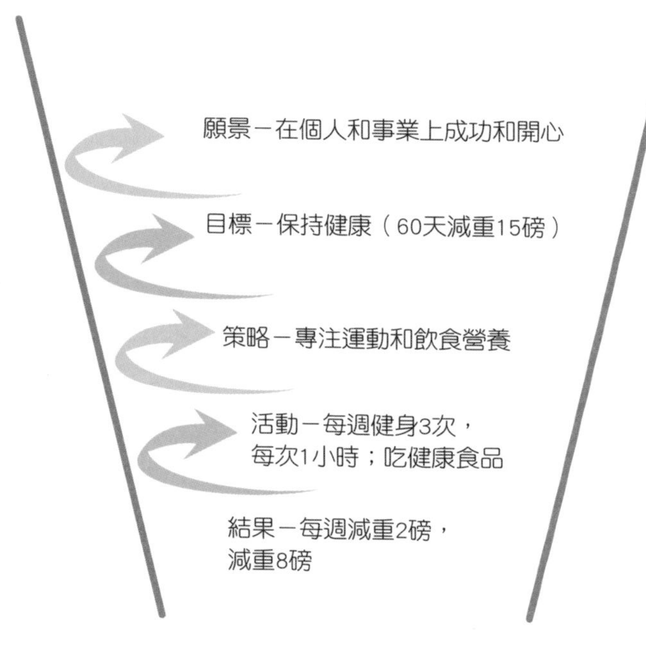
願景－在個人和事業上成功和開心
目標－保持健康（60天減重15磅）
策略－專注運動和飲食營養
活動－每週健身3次，
每次1小時；吃健康食品
結果－每週減重2磅，
減重8磅

▲成就漏斗模式範例

請務必列出任何你懷疑和疑慮的事項，然後寫下可以支持這些疑慮的策略，例如：

疑慮──我愛吃垃圾食物和吃飽就睡。

策略──跟朋友一起計畫，讓他們可以幫助並且激勵我。

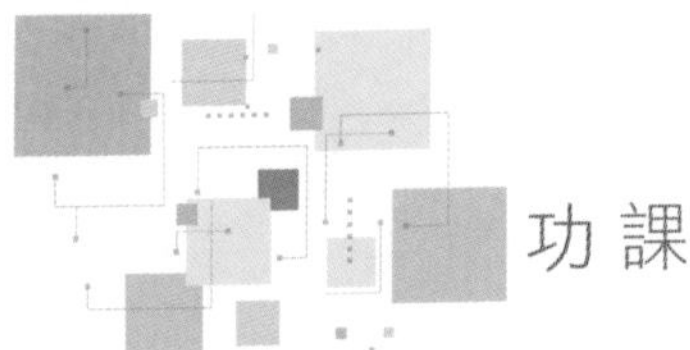

- 至少需設定 *2~3* 個目標，並完成每個目標的「成就漏斗」。
- 讓自己動起來，你做得到！

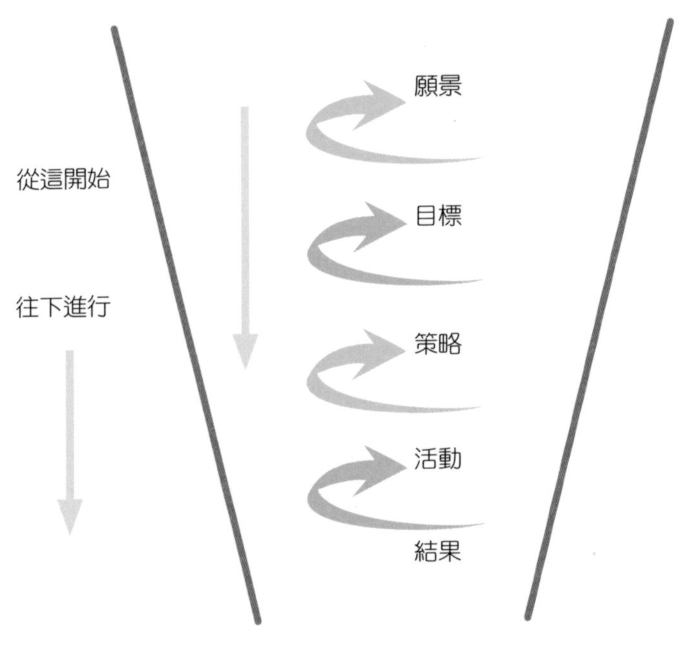

▲小小提醒

接下來談論到下一個觀點——聚焦。

2. 聚焦

我們常常會被很多活動或過多事情干擾而迷失，且干擾只會引致失敗。

想像你正準備邀請一位約會對象去看場電影，你沒有聚焦於目標——找個約會對象，卻被其他想法干擾了，例如：

- 我該建議看什麼類型的電影呢？
- 我該穿什麼款式的衣服赴約呢？
- 如果對方拒絕我的邀請，是否會很丟臉？
- 我其他朋友會發現嗎？

腦筋不斷地有各種想法湧出。有時我們會請你使用視覺輔助的東西，讓你可以專注聚焦於目標上或每天的事物活動上。

你可以將目標 / 活動寫下來，貼在一個你每天都看得到的地方，今天不妨就試試吧！你將會驚訝於它是如何幫助了你。這個功課可以提醒你專注於目標的重要性。

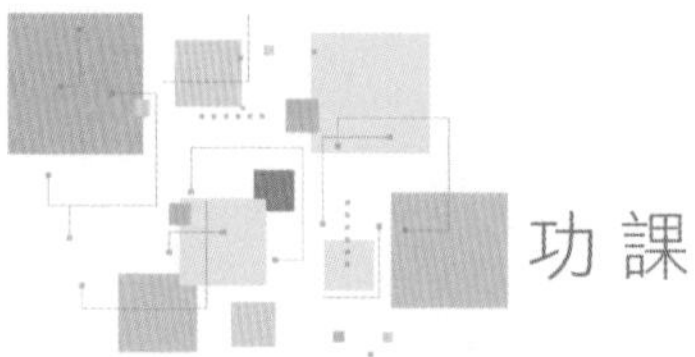

功課

- 寫下一個你被干擾而失敗的時候。
- 寫下一個你專注聚焦且成功的時候。

接下來將談論到下一個可以讓目標成功的觀點——負責任。

3. 負責任

這是一個看似簡單卻不容易做到的觀點。基本上，我們可以花費數天時間試圖理解這個概念，但為了本章節的目的，我們希望盡可能簡化它。所以我們將它簡化為 2 個主要的解釋：

a. 你自己可以決定如何看待目標。這個目標不是為了別人而做，是為了自己而做。不要想著依賴運氣或別人幫你完成，你只能依賴自己。行動吧！如果失敗了，繼續再試。請記住，**若要如何，全憑自己。**

b. 不要當受害者──事情常常並不如你所願。如果是因為時間讓你失敗了，那就更努力的去試。你是可以做到的，你必須相信自己，盡己所能去做。

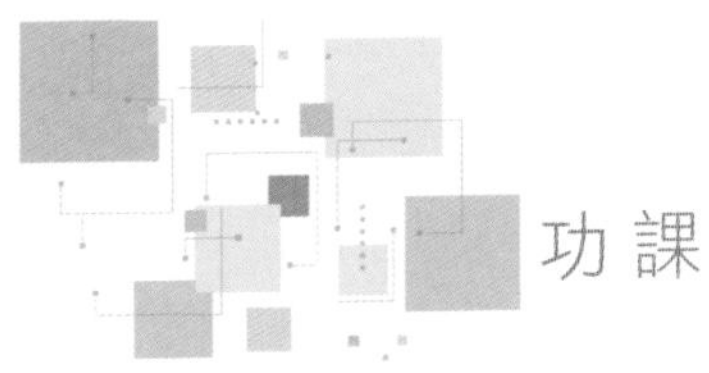

- 想想你曾經設定一個目標，但事情並沒有照計畫進行，但你始終沒有放棄，最後成功了，它讓你感覺非常有力量！

接下來是第四個觀點——**持續承諾的行動**。

4. 持續承諾的行動

簡單稱為「堅持」。每個人都很容易放棄，但請不要成為那個輕易放棄的一份子，持續對你的目標承諾——每一天！當遇到挫折了，站起來，再出發，跨越它！

保留和創造篇

第5章 冒險——玩到贏

如果你詢問大多數的人，他們是勇於冒險的人嗎？你可能會收到以下答案的分布：

- 30% 堅持不是
- 40% 不是
- 25% 偶爾（要看冒險的定義是什麼）
- 5% 是

換句話說，你會發現被眾多「不是」的答案嚇到，或者發現很多的謹慎回應（其實就是不冒險）。而只有非常少部分的人會覺得自己是個愛冒險的人，但他們總是被當成那些「瘋狂」的人，例如：愛開快車、從飛機上往下跳，或是做愚蠢投資的人。

為什麼我們對於「冒險」有這麼偏激的看法呢？真正的問題在於社會的認知和定義冒險的意思。通常的情況下，它被視為一種帶有負面含意的壞事，包括了愚蠢！

具體而言，冒險意味著「可能做了會讓事情變得更糟糕」或者「做某些可能會感到丟臉的事」，難怪我們都「不冒險」。而事實上，在大部分的企業裡，有很多部門都致力於降低風險——風險管理。如果這些負面傷害性的認知屬實，那我們幹嘛要冒險啊！當然有人會回答：「如果沒有任何的損失，就願意冒險。」例如：從燃燒的建築物中跳出來，以免被燒死。或是比較輕微的議題，去邀請一個假如在被拒絕後將不會再見面的約會對象。

然而，為什麼要冒險？回答這個問題的重點基本上是在於，你如何創造價值給自己和別人。請參考以下圖表說明：

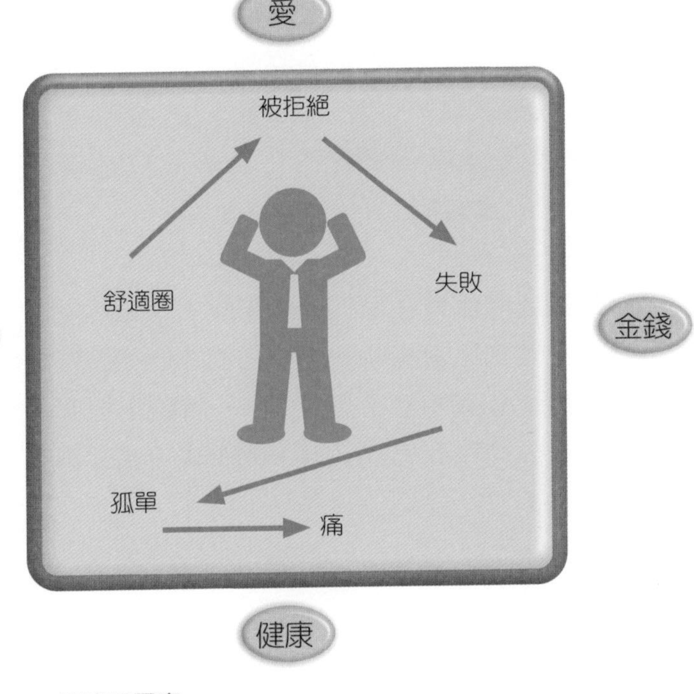

▲舒適圈圖表一

上圖就是所謂「舒適圈」——在舒適圈裡我們是舒服的，每件事都可以被預期、無聊的，所以我們會想在外圈找尋金錢、愛、健康或平安。當我們慢慢地往想要的結果前進時，就會遭遇「恐懼的邊界」。

- 我想要愛——但害怕被拒絕。
- 我想要錢——但害怕失敗。
- 我想要平安——但害怕孤單。
- 我想要健康——但害怕運動完的酸痛，以及適當的飲食習慣。

然後我們就會在框框裡跳來跳去，雖然看起來很忙碌，但其實非常無聊。那要如何才能突破框框體驗到更有價值和獨特呢？答案是——**冒險！**但要如何將它應用在公司和商場界？以下的圖表可讓你看到其中的關聯：

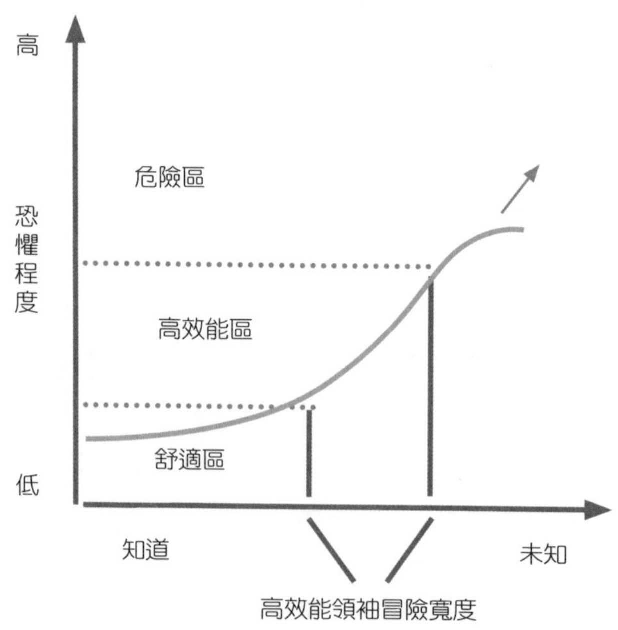

▲舒適圈圖表二

此圖解釋了一切。高效能需要某程度的「冒險」——有意願地去跨越我們「認為的恐懼」，這個恐懼並非真的恐懼。**「真實的恐懼」**是跟一隻老虎同處一個空間，是會危及生命的。而**「認為的恐懼」**是害怕被拒絕、害怕看起來愚蠢、丟臉等等。高效能領袖和公司為了培養創造力，會將恐懼排除在外。

1960 年，當美國總統約翰・甘迺迪（John Kenndy）在一個演講上承諾人類要登上月球，並會將他們安全地送回地球時，美國太空總署 NASA 的領導便面臨了一個幾乎不可能達成的承諾任務，因為他們知道還沒有能力將人類安全送回，但 NASA 太空總署了解到如果要完成這個挑戰，就必須更有創意和創新。為了做到這個任務，他們必須將所有的恐懼丟掉，要很有意願地去面對新事物冒險，不僅要對失敗冒險，也要對成功冒險。每次當他們失敗了，都會慶祝，因為又學習到了一個新知識，然後展開更多的冒險——去達到成功。而奇蹟就如此發生，他們努力了將近 7 年的時間，真的可以將人類從月球安全地帶回地球，比預期的時間表提前了 20 多年，也比甘迺迪的承諾提前了 3 年。

冒險——高效能

我們對冒險的解釋：「**有意願失敗，有意願成功。**」

在你認為冒險會解決所有問題之前，我們想指出冒險是一個平衡點，介於愚蠢／危險和安全之間，可預測、無損失在其中一邊，我們只願意冒一點險去達到高效能，而在另一邊，我們冒了太多的險讓自己處在危急狀態（例如：想穿越繁忙的高速公路是兼具危險和愚蠢的行為）。

高效能領袖會用勇氣、勇敢、誠實直接去挑戰「認為的危險」。我們會有意願誠實地去和別人溝通人際關係議題。我們會冒險去請求幫忙。在所有事情上，

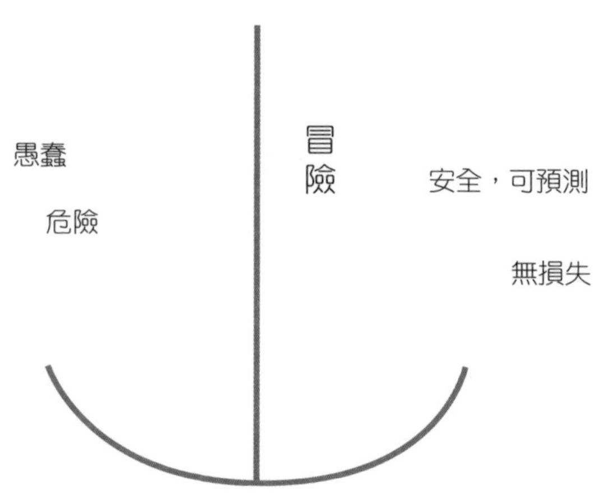

我們願意冒險開放地去溝通想法。我們會告訴別人我們的在乎。我們願意有遠大的夢想。這些例子都代表著高效能領袖的冒險特質。這是關於先行動而不需先知道結果，有意願失敗，也有意願成功。

在我們總結這個章節之前，有以下功課需完成。

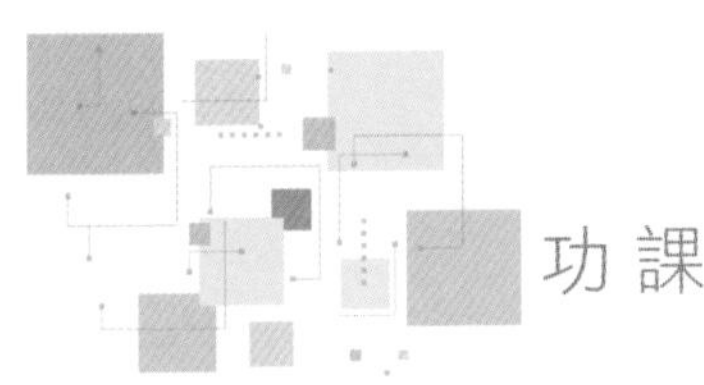

功課

- 舉出 *2*～*3* 個你一直因為「認為的恐懼」而避免去完成的事情。
- 誠實地去看看你如何面對生命。
    - 玩一個要贏的生命（興奮）。
    - 玩一個志不在輸的生命（小心翼翼）。
    - 只是玩樂生命（觀察者）。
    - 根本沒在玩（逃避）。

你需要轉換嗎？

保留和創造篇

第6章 承諾

空講和結果的不同

雖然承諾很難準確地定義，但每個人都有過專注、熱情、決心、不合理的體驗，這就是承諾。但我們何時會更清楚知道呢？就是當事情真的很重要時。

1. 人類有一個特質，就是我們可以選擇去提升承諾程度。有一個故事是關於一群人試圖通過會議去商定要專注的領域來確定他們的方向（承諾），其中有一個人說：「我願意承諾冒更多的險。」其他人也同意，看起來好像有共識。但是有一個參與者很不滿地說：「我不願意承諾。」團隊就決定取消建議。然後越來越多的建議，一個接著一個。而每一次，同一個參與者都會說：「我不願意承諾。」在一陣的絕望和挫敗後，有個最年輕的參與者大聲地發言：「那就承諾啊！」這是一個多有力量的聲明。**我們每個人都有能力造就自己並可影響他人承諾。**

2. 承諾是一個獨立行動和最終結果的方式。簡單來說，如果我選擇承諾，就會有無數的可行機制。

3. 我們總是承諾一些東西——不管有意識或無意識的。我們的結果反映我們的承諾。想像一個男人和他的老婆在爭吵，她講述自己的狀態，他讓她覺得錯了，最後老婆就放棄了。如果你問這個男人「你願意承諾一個成功的親密關係嗎？」他可能會這樣回答：「當然。」但事實上，基於結果，他只承諾於「**要對**」。

4. 承諾的程度分好幾個階段：

4	百分百承諾——不管需要付出什麼代價。
3	合理的承諾——「我承諾，除非 ________。」
2	我想要承諾——「讓我們來聊聊。」
1	希望——「聽起來不錯，如果 ________。」
0	漠不關心——「我不在乎。」

要達成一個英雄的結果是需要第 4 階段的承諾程度。

「你可能需要打超過一場的仗來贏得獲勝。」
——柴契爾夫人（Margaret Thatcher）

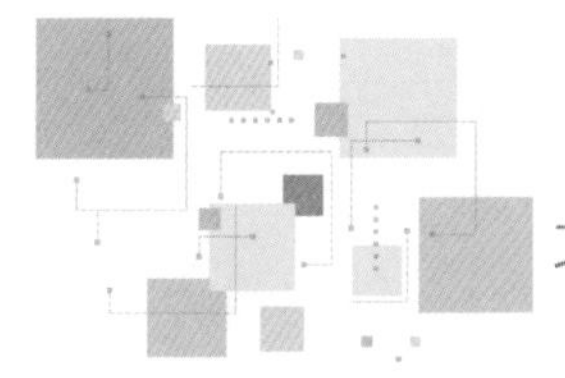

功課

辨別承諾

選出在你生命三個想要改進的領域，去辨別最近你做了哪些行動。誠實地檢視，是什麼樣的信念、恐懼或想法推動這個行動。你承諾了些什麼？你又想要改變些什麼？（例如：如果你要在達成結果時獲得 *100* 萬，在這之前有什麼是需要改變的？）

目標例子

◎家庭：做一個有意識的選擇，你想和家裡一位或數位家人承諾創造什麼樣的關係。承諾一個你願意花費和他們相處的時間。

◎健康：做個一週的健康計畫表。例如：運動（詳細說明）、減肥、去看醫生等等。

◎工作：承諾在工作上你要如何去創造更好的關係（詳細說明）。

◎財富：創造和承諾一個預算，包含每個月要存多少錢。

保留和創造篇

第7章 貢獻

這是關於你有多在乎

如果你只想到自己，你就是一個索取者。如果你只想到別人，其實你也是一個索取者，原因是你奪走了別人可以付出的可能性。

真正的付出是兼具付出和領受

1. 首先要找到機會去影響。在影響那個章節，我們描述了一個故事，關於有個小男生在暴風雨後到了海攤，他邊走邊把被捲到海灘上的海星一隻隻丟回海裡。一個老人走過去問他：「為什麼你要這麼做呢？」小男孩回答：「如果我不將牠們丟回海裡，牠們就會死掉。」老人說：「是的，但海灘上有那麼多的海星，你無法改變什麼！」小男孩再撿起一隻海星往海裡丟，然後說：「至少改變了那隻海星啊！」老人微笑著，也開始幫忙將海星丟回海裡。

2. 為他人服務通常源於安全、信心和豐盛。恐懼和匱乏就會導致對事情緊抓和執著。而豐盛的人是信任的、喜愛付出和領受。

3. 你值得被付出。人們通常都說，他們會付出，但只付出給應得的人。可是樹和動物卻不會這樣說，因為付出就是活出生命。付出會讓人開心，也會感覺自愛，所以去付出因為你值得成為一個有愛、有喜悅的人。

4. 站在別人的立場去想。他們需要或想要什麼？這是一個實質，還是只是善意的姿態呢？

5. 把愛傳下去──善有善報，惡有惡報。如果你無條件地付出，宇宙會回報你的，所以準備好去領受吧！

6. 無論是這樣／或是那樣。不要欺騙自己，認為你既不能給予，也不會索取。如果你不付出，就是索取。

7. 要成為一個「付出」的人，需要有意識的選擇。

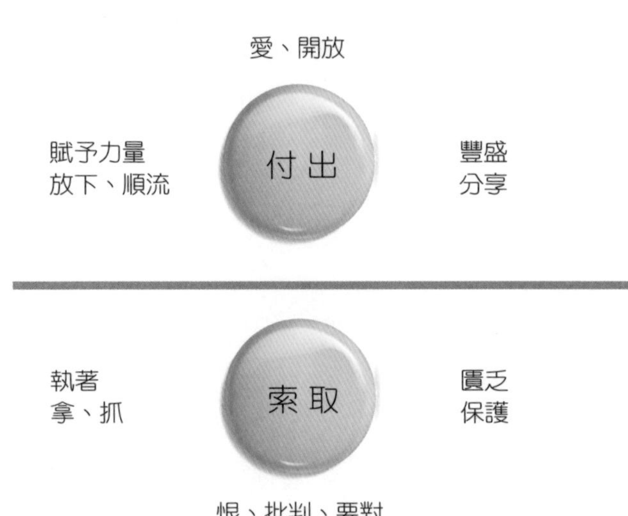

貢獻的範例

- 找一個需要你幫助的社區項目。感召其他兩個人和你一起幫忙。

- 對其他人做 6 次無計畫的好事，也對家人做 6 次無計畫的好事。

- 供應一頓飯、捐贈衣服、當輔導師一週、帶家人去一個特別的地方。

保留和創造篇

第 8 章 勇氣

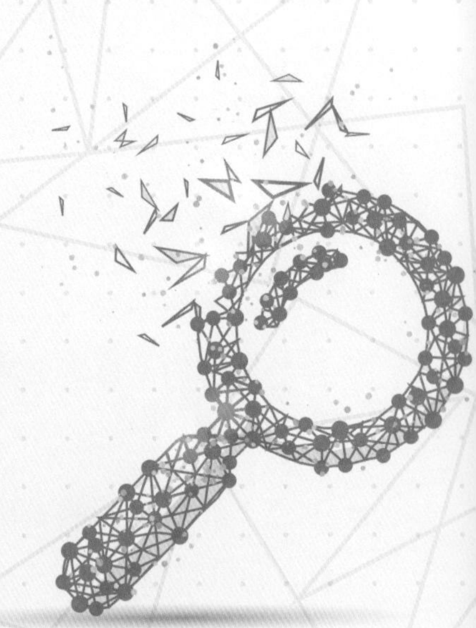

意義和完整生命的關鍵

勇氣是恐懼面前的行動。不是沒有恐懼，而是去征服一個人的恐懼。擺脫恐懼是愚蠢的，因為沒有它，我們會危及自己（例如：走在大卡車前面）；讓恐懼控制我們同樣是愚蠢的，不管是**以為的恐懼**或**真實的恐懼**。

區分關鍵	一般的——恐懼控制著我
	勇敢的——我控制我和恐懼

有人告訴我，勇氣 COURAGE 這個詞源於拉丁語和法語，兩者意思都是「打從心底」。

1. 這是人類的本性，還是人類的狀態呢？當我們詢問如何會有非凡勇氣的行動（就像衝進火場去救人一樣），大部分的人會這樣說：「我想都沒想就做了，是本能要做的。」如果這是真的，那勇氣就是人類的本性。我們每個人天生在某些時後就有個本能去克服恐懼。如果它是人類的本性，為什麼我們不讓它常常出現，並使用它呢？答案是，因為它是由人類的狀態去克服，我們學會了要安全、要觀察、不要丟臉等等，我們學會了去聽腦袋的聲音，要小心翼翼、要保護，而不是聽心的聲音（願景、貢獻、冒險）。拉姆・達斯（Ram Das）說：「**我們這個世界和社會最大的麻煩是我們的大腦不相信我們心的慷慨。**」

2. 勇氣是把事情做對，不是只想要安定事情就好。人權主義先驅馬丁・路德（Martin Luther King Jr）說：「對一個人的終極衡量，不在於他所曾擁有的片刻安逸，而在於他在挑戰與爭議的時代處於哪個位置。」這意味著你對可能性和結果的渴望，必須強過於你安撫和取悅他人的需求。

3. 勇氣啟發其他人。葛理翰（Billy Graham）牧師曾說：「勇氣是具有傳染性的，當一個勇敢的男人站出來時，其他人的脊椎也會挺直。」

4. 勇氣讓生命變得豐盛圓滿。英國神學家亨利・紐曼（John Henry Newman）說：「我們恐懼的不是生命即將結束，而是它從來沒有開始過。」

5. 要有勇氣、要勇敢、要自由（在本章節的最後，請看看《如果我曾勇敢》〔If I were Brave〕這首歌的歌詞）。

如何提升你的勇氣

- 停止逃避那個對你重要的人，就算不舒服也要跟他說話。

- 冒險——高空彈跳、做個演講、約會邀請、跳個舞。去留意到做這些事的恐懼，並且去處理它。

- 關係——可能有一段重要的關係為了避免去體驗親密感，會用簡單或不對峙的方式面對。所以用愛和勇氣去把它清理掉。。

- 揭露——有勇氣願意在別人面前脆弱，將恐懼或真理揭露。

- 寫下你做過的所有勇敢事件。感謝自己，並將這些事件分享給其他人。

- 將你的願景分享給你的老闆。

以下是一首鼓舞人心的歌曲，概述了勇氣這個章節：

《如果我勇敢》 by Jana Stanfield

如果我知道我不能失敗，我該怎麼辦？
如果我相信，風會不會充滿我的風帆？
我能走多遠？我能做些什麼，
相信我內在的英雄？

如果我勇敢，我會走在剃刀的邊緣，
傻瓜和夢想家敢於踩踏。
即使在迷失方向的時候，我也永遠不會失去信心。
如果我勇敢的話，今天我會採取什麼步驟？
如果我勇敢的話，今天我會做什麼？
如果我勇敢的話，今天我會做什麼？
如果我勇敢的話，今天我會做什麼？

如果我們都註定要做我們祕密夢想的事情？
如果你知道你可以有任何東西，你會問什麼？
像強大的橡樹睡在種子的心臟，
你和我有奇蹟嗎？
如果我勇敢，我會走在剃刀的邊緣，
傻瓜和夢想家敢於踩踏。
即使在迷失方向的時候，我也永遠不會失去信心。

如果我勇敢的話，今天我會採取什麼步驟？
如果我勇敢的話，今天我會做什麼？
如果我勇敢的話，今天我會做什麼？
如果我勇敢的話，今天我會做什麼？
如果我勇敢的話，今天我會做什麼？

如果我拒絕聽恐懼的聲音，
勇氣的聲音在我耳邊低語嗎？

如果我勇敢，我會走在剃刀的邊緣，
傻瓜和夢想家敢於踩踏。
即使在迷失方向的時候，我也永遠不會失去信心。
如果我勇敢的話，今天我會採取什麼步驟？
如果我勇敢的話，今天我會做什麼？
如果我勇敢的話，今天我會做什麼？
如果我勇敢的話，今天我會做什麼？
如果我勇敢的話，今天我會做什麼？
如果我勇敢的話，今天我會做什麼？
如果我勇敢的話，今天我會做什麼？
如果我勇敢的話，今天我會做什麼？
如果我勇敢的話，今天我會做什麼？

保留和創造篇

第9章 熱情

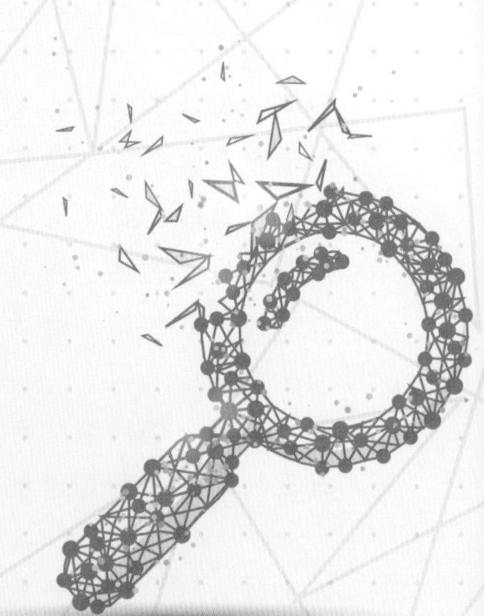

相信，擁有自己的生命，追求你的夢想。

「人類的卓越核心開始跳動，始於當你發現一種追求可以吞食你、釋放你、挑戰你，或是可以給你一個意義、開心或熱情時。」—知名作家泰瑞·奧利克（Terry Orlick）

我們努力從自身以外的環境中去尋找快樂或成就感，卻忘了我們本身就是經驗的創造者。而熱情是對某事的熱衷或做某事興奮的強烈感覺，充滿熱情地過生活，為生命而感到興奮。

主要重點——**熱情是無法被取代的，它是關於意志。**如果你真的很想要一樣東西，就可以找到實現它的意志力，要擁有這種渴望的唯一方法就是培養熱情。每個優秀的領袖都是充滿熱情的。影響他人最有效方式之一，就是熱情地溝通。

「用熱情點亮自己，人們會從幾英里遠來看你燃燒。」——神學家約翰·衛斯理（John Wesley）

想想你曾經所創造過的「非凡成果」，不管在學校、運動、關係裡、工作上，又或者完成大學文憑、參加馬拉松、生孩子、當業務等等。想想你實現目標時的體驗，不是在完成時的體驗，而是在你要實現目標的過程體驗，熱情肯定在那體驗中占很重要的一部分。

發掘有哪些領域是你渴望的

列舉出有哪些東西對你來說是最重要的，然後將它們依重要順序排列，譬如：家庭、工作、健康等等。而哪一個領域對你來說是最有熱情想要去做的，請寫下來。

熱情的範例

- 選擇一段你目前充滿熱情的關係，並且熱情地參與一個讓對方也感興趣的活動。

- 熱情地參與一個吸引你的活動，並且達成目標，例如：跑步、游泳、騎腳踏車、團隊運動、乒乓球等等。

- 在你的社區中傳達你熱愛的事物，至少讓 5 個人也加入，和你一起參與。

保留和創造篇

第10章 開放

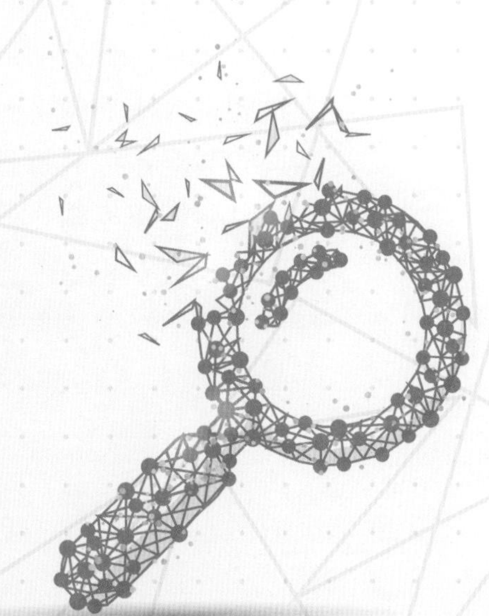

開放是一個學習、成長、和別人一起邁向成功的起始點

OPEN 開放這個字其實是 OPEN-MINDED 思想開明的簡寫。Minded 思想這個字非常重要，當你開放──你的思想、你的想法、你的信念時，它可以指引你要看哪裡、要去到哪裡。如果你的思想不開放，你就是一個封閉思想的人。一個封閉的思想，是無法讓任何新的事物進入，它只能保護它認為知道的東西。記得嗎？**當你總是想你以前所想的，那你就會做你以前總是做的，然後得到你以前總是得到的結果。**

當與別人溝通時，一個封閉思想的人可能假裝聆聽別人的觀點，但其實他們真正只聽自己內在早已內定的觀點。哲學家稱它們為「Already Always Listening, AAL——早已在聽的」。你其實在聽自己內在的「錄音帶」，然後透過你所聽到的去決定同意或不同意。如果不同意，就會形成一個叫**「對，但是」**（Yah But）這個回應。

知名主持人賴瑞．金曾說：

「今天我所說的都不能教導我任何東西，如果我想要學習，就必須開放地去聆聽。」

B. Brown在Ted Talk裡的一個演講《脆弱的力量》，內容是這樣的，有時候你問一個人問題，但他卻回答相反的話題，在這樣的狀態，開放的相反是要對（因為有了對錯），或者甚至是自以為是（我是對的），簡單來說，我們「要對」引發對別人的「要對」，然後每個人都要捍衛自己的現實，這樣沒有任何東西會改變或改善，不管未來和過去都一樣。我們會從一個失敗的溝通走掉，然後抱怨：「他們好固執啊！」並避免去看到對方只是鏡子裡反射出封閉思維的人而已。所以記住，要常常問自己：「要對，真的是為正義辯護的正當理由嗎？」

還記得前述關於不同知識階段的圖表嗎？

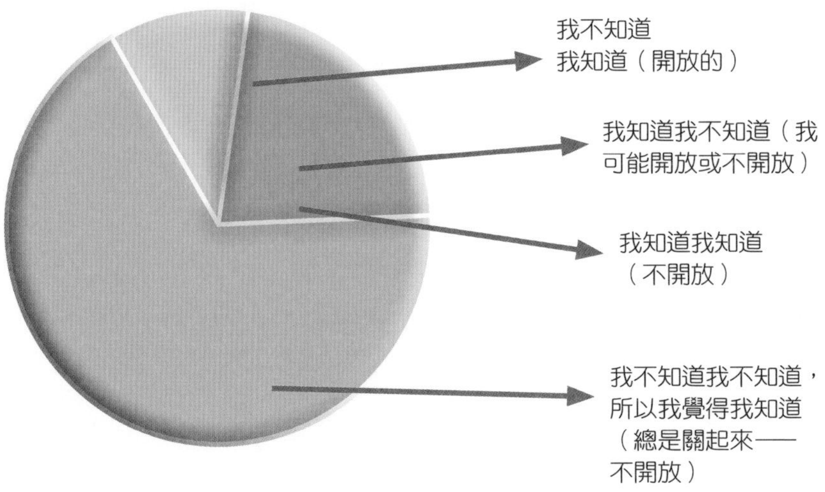

▲知識階段圖

還記得前述的故事，有個男人回答他對親密關係很擅長：「因為我已經結婚 4 次了。」大家都笑了，但在當下他真的很認真地回答，他真心覺得自己很擅長。所以，結論就是，即使你覺得自己知道了，但還是帶著開放的心，要不然你會看起來「很蠢」。

如何改善「開放的心態」

首先，也是重要的，**停——看——選擇**。雖然我們出生時，每個嬰兒都有顆開放的心，對世界充滿了好奇和學習的心。漸漸地，我們開始有了信念和開始學會保護自己的認知，思想封閉、防衛和自以為是（就算是那種看起來很友善、美好和被動的版本）也變成了**自動化**。所以我們必須**選擇**去打開我們的思想，真的去聆聽、真的去學習、真的去開發雙贏的夥伴關係。試著去選擇大於 1%的開放度，不管你覺得自己有多正確。

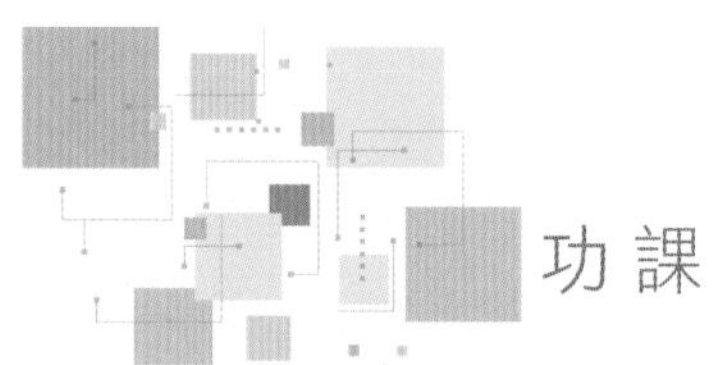

請在一星期內完成。

1. 列舉出 *3* 個領域或 *3* 個人，你覺得是有抗拒或衝突的。一個一個去轉換你自己的位置：

- 跟一位或以上做溝通練習

○先跟他們說：「你對我很重要。」

〇再跟他們說：「我想要改善我們的溝通。」

〇再來跟他們說：「要改善我們的溝通，我計畫改變的是……」

〇最後問：「你覺得有哪些我可以改變的？」

- 跟一個或以上做信任練習

〇我對你信任的程度 *0-10* 分是______分。

〇我信任你的是______________。

〇我覺得我可以做些__________去建立信任。

〇我覺得你可以做些__________去建立信任。

- 跟一個或以上做尊重練習

〇我對你感謝和尊重的地方是你的
__________________________。

2. 當你完成以上的功課，請寫下：

- 你離開了什麼「正確」的位置？
- 你創造了什麼結果？
- 你發現什麼關於你自己？

另外寫出 *3* 個你覺得容易對他們開放自己的人，為什麼是他們呢？並且試著開始與其他人去創造這種關係。

保留和創造篇

第11章 卓越

你是一個完美主義者嗎？
如果是，大部分都在何時？
成為一個完美主義者如何阻礙你？
你是否會因為無法達到完美而放棄？
你是否會拖延？

要求你的最好，沒有更多，沒有更少

我們陷入了一種學習範本，就是想要完美，然後我們可以輕易地感受到完美，但我們要付出的代價就是「壓力」。而完美的替代方案是我們可以「成為」和

「做」到我們的最好。然而為什麼有人會承諾超標或低於此呢？

地基

我們相信了我們是「不完美」。所以當被問：「你完美嗎？」幾乎每個人都會回答：「不完美。」你如何知道自己不完美？答案通常是：「我犯過錯。」

所以這邏輯就變成絕對──**我做過不完美的事或犯過錯→所以我就是→不完美。**但是，但當被問：「你是笨蛋嗎？」答案也很快地被回答：「當然不是啊！」「但你沒有做過很笨的事嗎？」「有啊，但那不代表我很笨啊！」「為什麼不呢？這不就跟完美是同一個邏輯嗎？」──**我做過很笨的事→但我不是→笨蛋。**

重點

1. 犯錯不會讓我變得不完美，它們讓我成為一個完美的人類，來到這世界透過冒險、失敗去學習或成功，然後再次冒險。

2. 當我們看自己是有缺陷的，就會想要變得更完美去彌補那些缺陷。

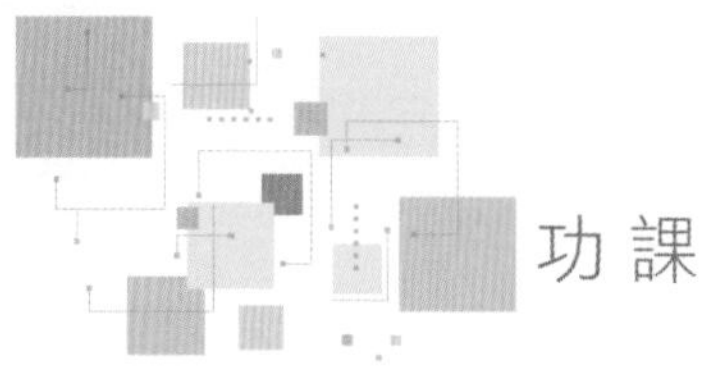

寫下 2 ～ 3 件因為你害怕犯錯或失敗而一直拖延的事情。

卓越是個平衡議題

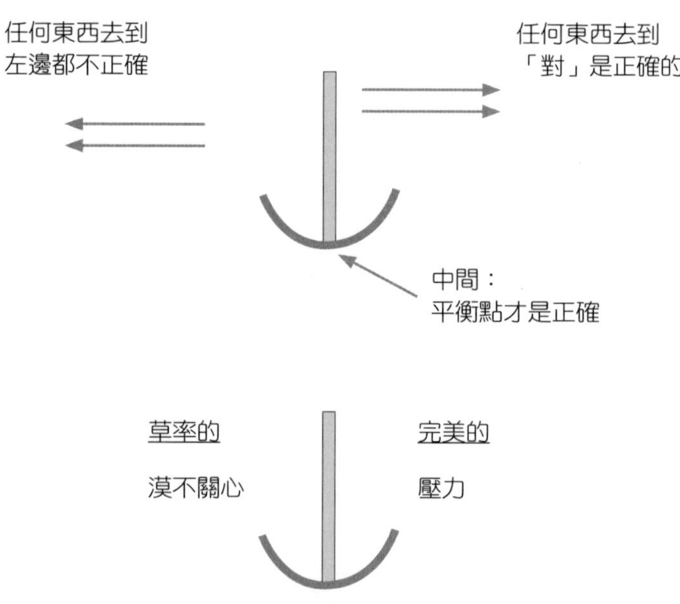

以下代表一系列自動、連續的事件、感受和結果，來滿足我們對完美或卓越的要求。

如果你要求要完美 不能有瑕疵或犯任何錯誤 你可能經歷：	只要求卓越 你做到你的最好 （你會有不同的體驗）
完美 1. 需要「對」 2. 開始感到恐懼——壓力——焦慮 3. 當覺得有瑕疵，我們感覺憤怒和挫敗 4. 為了解決問題——什麼都要自己來，要控制 5. 這對錯的過程，代表我們很批判 6. 我們只聚焦在終點	**卓越** 1. 願意錯，如果有錯就修正錯誤 2. 願意冒險，嘗試新的事物 3. 冒險——展現力量 4. 因為有力量，所以充滿創意和自發性 5. 不用批判，反之展現聆聽力和願意有開放的態度 6. 可以擁有「過程」和「終點」

一個馬拉松跑者，如果是**要求完美**，有可能在跌倒後選擇退出，因為它沒有完美。但一個**卓越**的跑者，他會爬起來繼續跑。而你是選擇哪一個呢？

卓越範例

- 識別出生命中有哪兩個領域讓你感到壓力。製作一個卓越計畫，需要你有更好的態度和行動力——練習選擇不要有壓力。
- 選一個嗜好，以卓越、開心、自由的態度參與。
- 選一個不擅長的新嗜好，以卓越的方式學習。
- 清理因為你要完美或要對而受傷的關係。
- 拿一個腕帶或可以穿戴的東西，提醒你專注於「卓越」，然後告訴身邊至少 3 個人它代表什麼。

保留和創造篇

第12章 負責任

想想過去某個時間，你覺得自己是受害者，感覺如何呢？

你有把自己的受害者故事告訴別人嗎？你告訴了誰？

現在你生命哪個地方感覺受害？感覺如何？你告訴了誰？

要不你是自己生命的主人，
或者別人將是你生命的主人

負責任就像是一根梁柱，在每個人的生命中，它是可以被選擇的，不然我們便會自動化地進入到一個最常見的心態——受害者。

在哲學上的區別，負責任與媽媽教給我們的東西無關，例如媽媽可能問過你：

- 「誰要負責這些髒亂啊？」——責備
- 「是你的責任要讓你房間保持乾淨」——責任／義務

其原因在於：**態度。**

讓我們看看態度和結果之間的相關性。我們都知道之間有很強的相關性，所以讓我們來做些分辨：

1. 態度——精神狀態。

2. 斷言——你或每個人都**可以選擇自己的態度**，譬如：如果任何人都可以在困難時保持樂觀和專注，你也可以。

3. 在這次調查中，我們發現**兩個**相互排斥的狀態（一個或另一個）。

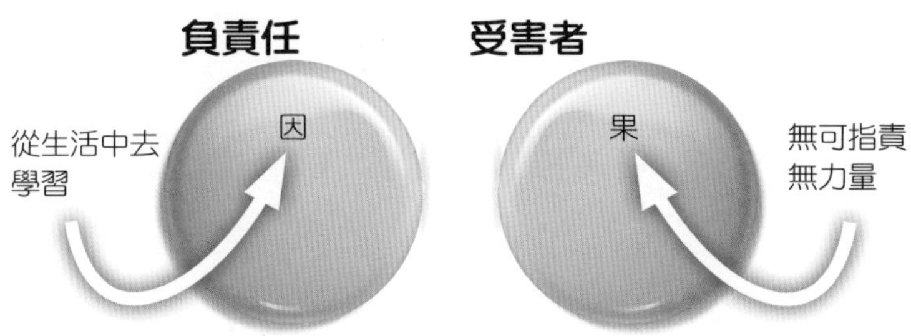

在任何時刻，我們在因或果的循環裡過濾和過著我們的生活。

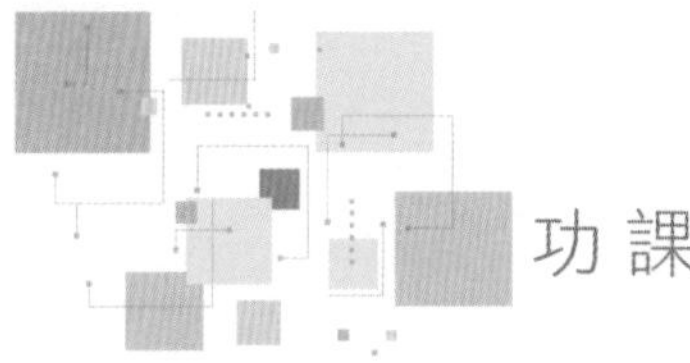

功課

Q：成為受害者是否就可以讓你有個藉口不再嘗試或冒險了？怎麼會變這樣呢？

Q：告訴別人你的受害者故事，再用相反觀點講同一個故事——負責任的。做個負責任的行動、學習，然後繼續往前。

Q：當你用負責任的態度，你學到了什麼關於自己的？

Q：誰支持你成為受害者？

Q：誰支持你去學習和繼續往前？

一個選擇受害者或負責任的例子：一家公司的老闆對同仁說：「我知道我們的業績下滑，失去市場占有率，但我希望你們能在未來 90 天用更高價錢銷售，讓業績雙倍成長。」

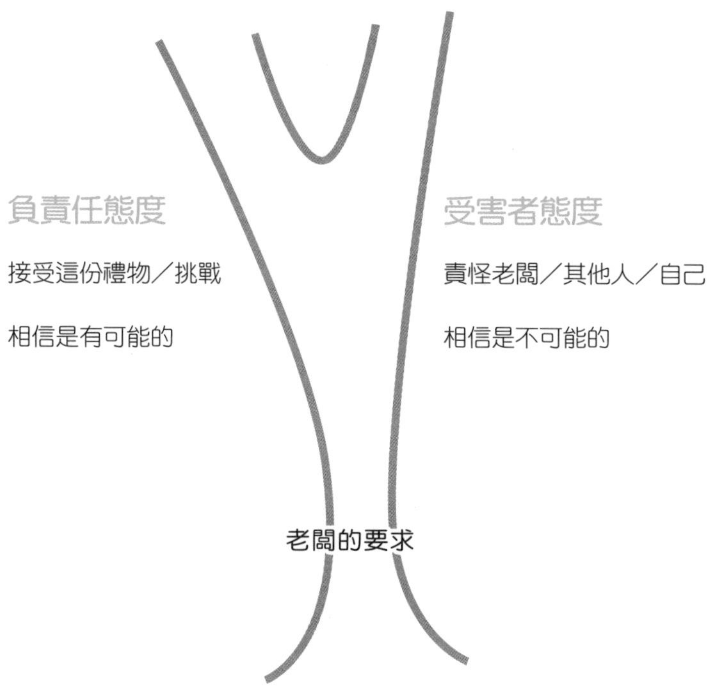

一個負責任態度的員工

- 相信是有可能的。
- 引發其他人：一起創造、合作、找出不同的點子。
- 嘗試新的東西，創新成功的方法，沒有責怪，充滿挑戰／禮物。

一個受害者態度的員工

- 不相信是有可能的。
- 引發其他人：八卦、抱怨。
- 確定了「不可能」的信念。

明顯地，負責任的行動雖然無法保證有更好的結果，但至少創造更多的可能性。

負責任創造出路，不負責任創造藉口。

主要區別

1. **選擇**——如果你不選擇負責任的態度和行動，受害者已選擇了你（社會的焦點是受害者）。

2. 當生命給你艱苦，那就把它變成甘甜，這句話也可能是受害者的態度。

另一個看待這個狀態的方法：

如果我責怪，我會怪責：	我會感覺：
老闆：他們這樣做是愚蠢的	生氣
自己：我很懶惰／為一個糟糕的公司工作	失望／無助
無助市場狀況：市場不景氣	沒自信

想想你最初是何時感覺像受害者，
但後來看到了成長和學習的機會。

有個古老的中國故事，關於一名農夫發現一匹馬走到了他的田。

起初所有的居民跑來跟他說：「你好幸運喔！你可以耕更多的田然後變有錢。」農夫回答：「並沒有好或不好，它就只是這樣。」

幾個星期過後，馬跑掉了，居民又跟農夫說：「你好不幸喔！」然後農夫說：「沒有好或不好，它就只是這樣。」

又過一個星期後，馬兒帶回了另一匹馬。居民再次說：「好幸運喔！」農夫再次回答：「沒有，就只是這樣。」

隔天農夫的兒子在訓練馬時摔斷腿，再也無法下田工作，但他後來去政府單位工作卻幫助了更多人，這是一個很棒的結局！

目標的例子

- 擺脫你的兩個最大的受害者故事，不管是過去還是現在的故事。改變你的態度和行動。

- 原諒至少兩個你覺得加害於你的人。我們都會受害，但問題在於你是否還要繼續受害。

- 原諒自己──寫一封信給自己，你如何貢獻自己在受害者的狀態。

- 成為那個原因──貢獻時間、金錢、專業，或者能量，給一個人或社區任何需要幫忙的人或事。

保留和創造篇

第13章 相互合作

你和誰有一個有效的相互合作關係？這有什麼特別之處？

你希望引發誰和你一起有一個有效的相互合作關係？（可能多於一個人）

在你的工作上，你有相互合作關係的夥伴嗎？

在你的家庭裡，你有相互合作關係的夥伴嗎？

有效的相互合作關係：「一起總比自己一個好」

在《Collaboration Handbook》這本書提到，相互合作的意思是「兩個或多個組織（人員、部門）建立互利和明確的關係，以實現他們共同要實現的成果，因為這個結果如果單獨去做是比較難實現的。此外，**合作**與**協力合作**之間的區別是，後者是一個具有充分承諾和共同使命的新結構。

所有這些，在實際的工作上意味著什麼呢？它不是在電子郵件裡多加上一個人的名字，也不是簡單地告訴別人你的行動，反之，它需要有**企圖心**和**計畫**。不同的團體聚在一起，有共識一起創造新的東西、有協同作用，並且非常有力量。

在這樣的協力合作夥伴關係中，新的群組擁有一個共同的目標或願景，並可以相互交換點子和想法。基於共同的信任和尊重，就算是分歧和衝突也是為了建構。至於小我、支配的需要和控制，則會被願景和目標所取代。

相互合作的支柱是「沒有任何有價值的願景可以是單獨一人顯化出來的！」如果你不找合作夥伴以新的方式創造，就不是用願景帶領。另一個關鍵關在於有效的相互合作關係是它不會自動化，**自動化是人類的**

狀態，相互合作是必須被選擇的！你可以想想，我們花了多年時間接受正規教育，培養獨自工作的能力，並獲得個人獎勵，它稱為「學校思維」。而事實上，在考試期間，如果你與他人交談通常會受到嚴厲的懲罰，因為那就叫做作弊。

所以，是時候「**停下來——看一下——做選擇**」去創造你要的夥伴關係。過去曾做了一個小組練習，每個參與者都有一個頁面，上面有一些書寫和幾何圖形。他們被要求執行任務並回答一個問題。很自動化地，他們迴避了問題，直接跳進行動和獨自作業。而結果總是一堆不同的答案，且大部分都是錯的答案。當他們被問到為何沒有人詢問是否可以一起討論時，那一刻他們才恍然大悟，選擇在教室裡一起去成立一個新的群組。這個新的群組有一個共同的目標（找出一個答案），這是一個關於相互合作很棒的例子。而且結果是非常有力量和準確的。

一起總比自己一個好。

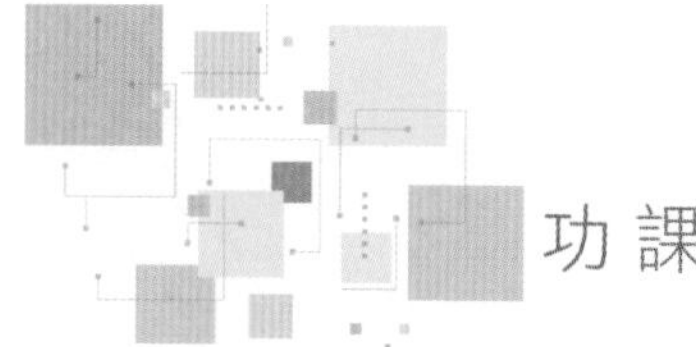

功課

想一想，跟你的同事或朋友討論。

- 我可以和誰創造更多相互合作（至少 3 個人），然後行動！
- 我還可以包含誰一起合作去創造「在一起總比自己一個人好的體驗」？然後行動！

保留和創造篇

第14章 誠實

如果你選擇這個章節當作「創造新的」學習，恭喜你！

大部分的人都覺得自己很誠實，其實我們已經變得擅長欺騙別人，也擅長欺騙自己了。而事實上，當我們覺得對自己的感覺或信念真實，它就是誠實。這不包含被我們遺漏、一半真實、扭曲的觀點等等（請參考刪除篇的〈不誠實〉章節，有更詳細的解釋）。

很多年前，有一首由比利 · 喬（Billy Joe）主唱的知名歌曲《誠實》：

誠實是如此寂寞的字眼
每個人都如此虛偽
誠實已許久不曾聽聞
也是我希望從你身上得到的

而什麼是誠實呢？honest這個字是從拉丁文來的，hon——honor榮耀，est——what is它就是，所以意即榮耀它就是，不是我想成為或希望、想要的，也不僅僅是禮貌的東西，而是「它就是」。

人們經常說他們害怕誠實，因為他們不想傷害別人，或許這是很好的企圖心，但我們確信，以長遠來看，不誠實會導致更多的傷害和痛苦！所以，關鍵是要練習和掌握誠實，讓它不顯得殘酷或嚴厲。我們看到很多不同階級的領袖，他們擁有誠實的回饋技能可以賦予員工力量，而它需要涉及真正的關懷。「**沒有人在乎你知道多少，直到他們知道你有多在乎**」。

坦率地說，誠實的最大的理由是為了清晰度，清晰度提高了準確性和對任務、關鍵要素的理解，它促進了成就和成功的努力。誠實和清晰度創造了**確定**，繼而建造了**信任**。換句話說，誠實的冒險是值得的，尤其當你越來越能勝任時。

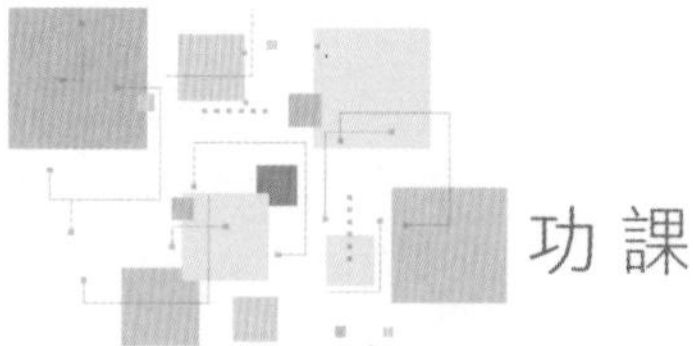

功課

從與你有良好關係的人開始，不管在工作上或關係上都可以，請他們給你誠實的回應，當他們完成時，請尋求他們允許也給他們誠實的回應。記住，回應不是關於正面或負面，好或不好，它就只是一些資料反饋。當你完成後，擴張到更多人。

保留和創造篇

第15章 創造力

在盒子外面思考

我很驚訝，每次當問大家是富有創意的人嗎？大部分的人都會說：「我不是。」原因很簡單，因為我們都跟那些會畫畫、寫作，或者會發明東西的人做了比較，所以會覺得我們努力是無力的。但大部分主要原因在於，我們是大型的習慣生物，並沒有練習「在盒子外面思考——跳出框框」。

有個故事關於科學家對5隻猴子做了實驗，這些猴子被集中在一間有梯子的房內，梯子最上方放了一

根香蕉。有一隻猴子看到了香蕉爬上去吃，同時間，其他的猴子被冰水潑灑（猴子最討厭的），當梯子上面的猴子吃完香蕉下來後，另一根香蕉又被放到梯子上方，同一隻猴子正要往上爬時，其他的4隻猴子馬上把牠拉下來，不讓牠爬上去，因為牠們不想再次被潑灑冰水。科學家將其中1隻猴子和新的猴子交換，而那隻新的猴子看到香蕉便馬上爬上梯子，當然其他的猴子阻止了牠，因為牠們不要被潑濕。科學家就一隻一隻的換，直到沒有一隻猴子看過或體驗過被水潑灑。當然沒有任何一隻猴子爬上去吃香蕉，為什麼沒有呢？如果你問牠們，這些猴子可能會說：「我不知道啊！因為一直都是那樣的啊！」

現在讓你停下來，問問自己──由於還有未發掘的習慣，所以在生命裡還有什麼東西是被你遺漏的？

心理學家愛德華・德・波諾（Edward de Bono）說：「創造力是跳脫已建立的模式，藉以用不同的方法看事情。」也許隨著年齡的增長，我們也限制了自己。嬰兒和小孩會從任何東西裡去創造開心。父母親肯定知道，觀看小朋友玩一個簡單的盒子相比一份名貴的禮物的感覺是如何，他們是多麼地開心。是什麼導致我們的創造力隨著時間而減少呢？專家們將這損失歸類為**恐懼**！常常我們可能提供一個很棒的想法，但又體驗到被拒絕的痛，然後我們學會了要抑制自己的想法，最終就不再想新的東西了。後來我們習慣大部分就是想**盒子以內**的東西，去預測可能被接受的內容，但這樣真的很糟糕！

知名作家布芮尼・布朗（Brene Brown）說：「**沒有失敗就沒有創新和創造力！**」記得我們的「盒子」也就是我們的「舒適圈」。我們下意識地變得自滿並接受常規，而事實上，有一些人和他們的小我變得非常舒適，不知不覺致力於保持著他們的舒適圈，他們就如同瑪莉娜・阿布拉莫維奇（Marina Abramovic）所說的「**我們的小我可能成為工作的障礙。如果你開始相信你的偉大，那就是你創造力的死亡！**」這時需要靠練習失去或減少你的創造力，同樣的，或許也需靠練習重建你的創造力。英國作家肯・羅賓森（Ken Robinson）說：「**創造力是擁有有價值的原創思想的過程。這是一個過程；它不是隨機的。**」

請記得，是時候「**停——看——選擇**」去練習擁有創造力。是什麼阻止你思考？阻止你在工作中和個人生活上提出新的想法？

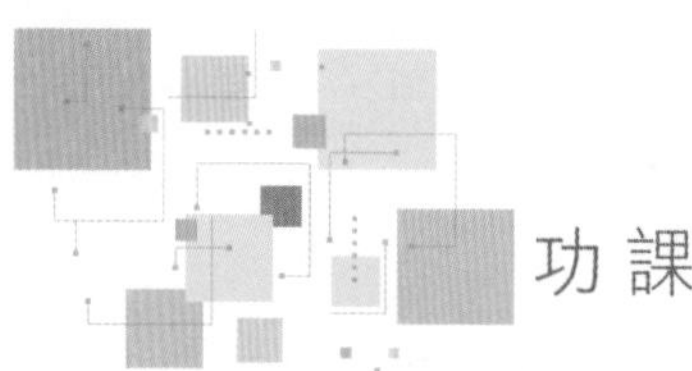

功課

- 留給自己1小時的時間，簡單地寫下一些新的觀念、方法和想法。記住，判斷和批評關閉了你的集思廣益。然後，跟你的好朋友或同事分享想法。在那之後，花點時間和一個或一群人一起「集體研討」新的想法。
- 畫一幅畫、寫一個故事，發明並講述一個兒童故事，或者創造並教導一個新的舞蹈。記住，創造力是流動並歡樂的，不要批判！
- 創建一個方便的「新思路」筆記本，包含將它放在你的床邊，至少每週一次勇敢地寫在筆記本裡。

祝你在盒子外面玩得開心！

保留和創造篇

第16章 創新

創造力顯化新事物

「創新是未來的電話卡。」

——美國議員（Anna Eshoo）

「創新區分領導者和追隨者。」

——賈伯斯（Steve Jobs）

如果你和一般人一樣，在生活中有幾百、幾千個好的想法，那應該會很興奮，因為這些想法可以讓很多人變得不一樣，它也有可能讓你賺大錢。但大部分的人，好想法就只是一個想法，它們來了，就像一艘夜間經過的船，沒有真正的影響力。請不要為此而感覺到糟糕，或者開始批判自己，你只要停下來，問問自己，是否有一個模式可以改變？也許你採取拖延或讓環境（時間、金錢）停止去顯化想法；也許恐懼（被別人拒絕你的想法）或自我懷疑——「如果我想到它，它不可能那麼好」，而停止了顯化的過程。

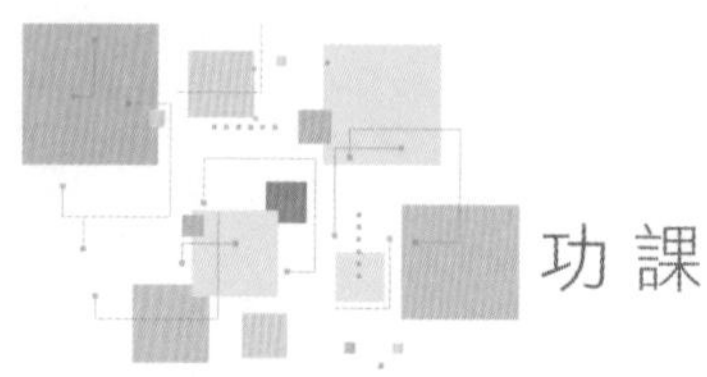

功課

在我們繼續進行這個章節之前，請寫下你已經擁有的一些好的或很棒的想法，至少 3 個，以及是什麼阻止了你的想法？你有看到自己的模式嗎？有哪些信念、態度、看法、行動，你可以改變嗎？

華特迪士尼總裁勞勃・艾格（Bob Iger）說：「你不能讓傳統，包括你過去的失敗，妨礙創新。是有必要尊重過去，但如果你敬畏過去，那就是個錯誤。」現在讓我們停下來，好好檢視「**顯化**」，正確的定義是它意味著將某些東西帶入 BEING（成為）。在這裡就是將一些創新思維帶入真正的改變、產品或系統中，甚至是新的流程／程序。

在前一個章節，你有機會創造性地思考——在盒子的外面。返回並查看你的一些創意，你要如何去顯化其中一個或更多呢？你是否可以從有效的相互合作夥伴關係中受益呢？你是否需要某些人（例如老闆）的批准才能繼續「實現」的過程？如果是，你可以做些什麼來獲得批准和支持呢？

還記得一句古老的名言：「每隔一段時間，新技術、舊問題和大創意就會變成創新。」或許聽起來很奇怪，但在幾十年前是沒有手機存在的！人們對通信的移動性始終存在需求和渴望，卻需要技術、創造力和團隊合作來讓智慧型手機、塔台和衛星等等顯現，讓我們有機會可以用到這些令人驚嘆的工具。

改變世界的下一步會是什麼樣的想法呢？會由誰開始呢？由誰去顯化它呢？如果不是你……會是誰呢？如果不是現在……要待何時呢？

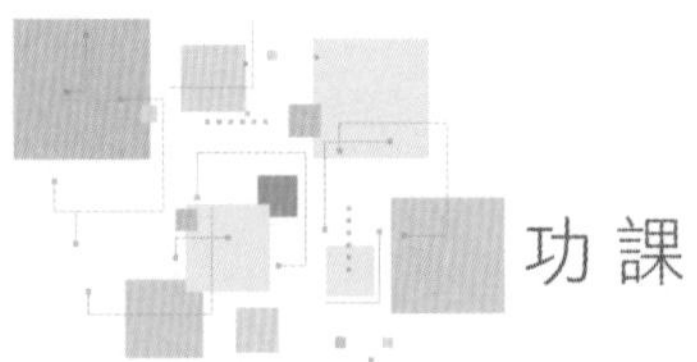

用一或兩個有創意的想法：

開發一個團隊、開發一個計畫、開發一個願景，忙起來！

記得我們說過的一句名言：

今天是你昨天承諾的明天。開始動起來！

保留和創造篇

第17章 真實

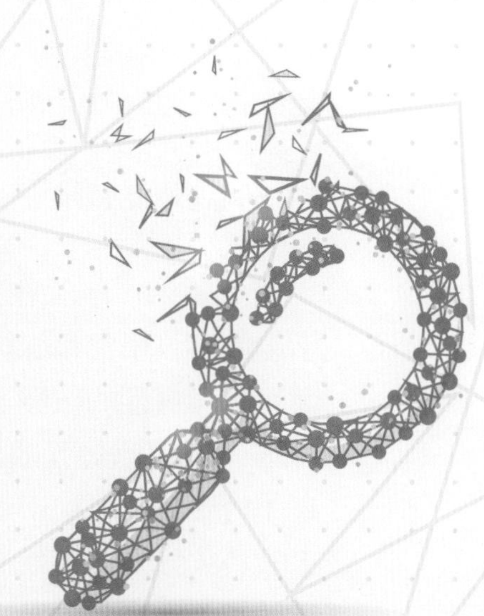

真實的美麗和真實的價值是「真正的自我」——是不需要費力的！

想像一下不費力地過著每一天，但它不代表你不需要去面對挫敗、挑戰或失敗。它意味著你用真實的態度去看到這樣的事情，「它只是我和所有人旅程的一部分」。就算當我們挫敗時，一個真實的人會快速克服任何挫折，然後繼續前進。用「**既然這樣，現在要怎麼樣？**」的態度，而事實證明，這個聲明對於我們所認識的領導者來說，是一句驚人的口頭禪。對大多數的人來說，有能力脫離負面情況是真正的啟發。請記住我們對高效能領袖的定義：

一個高效能領袖——透過共識和啟發去創造行動。

當一個人，無論在哪個級別或擁有多少權力，展示出放手、學習和繼續前進的真實能力時，其他人就會受到真實性的啟發。在這個學習的階段，許多人會聲稱「但我已經是真實的了」，或許吧！但如果你是 14 歲以上的人，可能就不是了。你只是重新定義了關於人類的真實性。對你來說，真實意味著堅持自己的感受和信念。坦白說，這種立場是哲學家稱之為「**真實本質**」或「**真實自我**」中最遠的東西。所以什麼是真實？要回答這個問題我們可能要回顧到以前，那個純真和純潔的時間點，回到我們剛開始來到這個地球，當我們還是嬰兒的時候。如果你曾抱過一個嬰兒，然後觀察他們，會發現在以下表格中他們所擁有的主要特質。

真實的自我

不是所有的嬰兒都可愛，但所有的嬰兒都具有以上所有的特質。他們雖不會走路或講話，但他們非常有力量，他們讓你為他們做一切（負責任的）。他們開心時，會展現出來，同樣，當他們不開心時，他們也會展現出來（誠實的）。如果他們想要一些東西，會熱情地表達自己並繼續直到他們的需求被滿足（承諾）。如果在一個醒覺的課程中，我們可能會問你或所有的參與者：「對於世界各地的嬰兒來說是不是都是如此？」答案為：「是的。」但對你是否也是如此呢？「你是否還是誠實、熱情、願意冒險呢？」每次當我問這些問題時，都會有同樣的回應──**沉默**！為什麼呢？因為大家都知道自己再也沒有那麼真實和自由，而變得有防衛和保護。接著我會問：「發生了什麼事？」他們會回答：「**這就是生命啊！**」

換另一種說法，在我們一生的過程中，學到了固定的信念和固定的行為，它們代表我們現在的身分。而事實上，我們幾乎忘了自己是誰，這是非常可悲的。

固定信念／行為vs. 真實自我

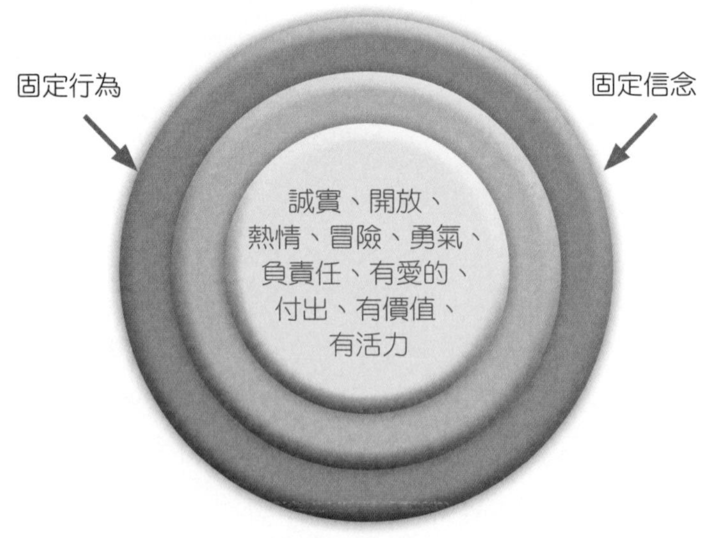

我們掩蓋了我們的真實，「真實」的自我，並成為了習慣性的生物，通常只投射「形象」譬如要堅強、不能哭、我很害羞等等。這樣的認知可能會讓你有些不安──失去純真，但好消息是，我們並沒有失去那些特質，只是將它們掩蓋起來，只對身邊某些人展現，例如：家人或知心朋友。但我們可以通過努力和專注於企圖心，將忽略的那些部分重新展現。也許你已注意到我們所列出來的特質──真實的自我就像嬰兒一般和高效能領袖（保留和創造）之間的相似性。

有哪些特質是你沒有、埋沒的（保留──非常擅長），以及有哪一些是你要重新練習的（創造）？

在結束這個章節前，以下功課你可能會覺得非常有幫助。

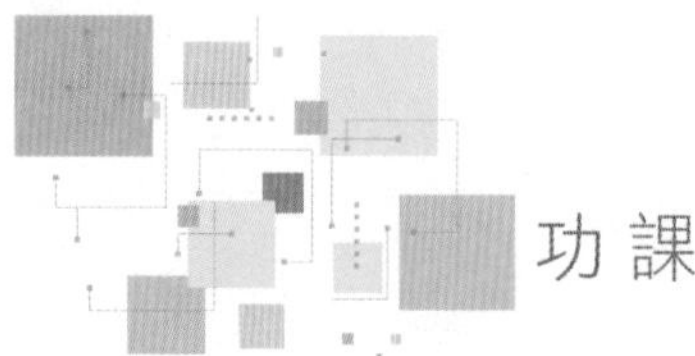

功課

從創造的選單裡，選出 *3* ～ *4* 個你想要創造的項目，每天去宣告。

例如：「我是一個有力量、熱情、開放、願意付出的人」。

每天對自己說，維持 *2* 週，然後用這個宣言當成你的指引去行動，你將非常驚訝！

保留和創造篇

第 18 章 脆弱

「脆弱聽起來像是真理，感覺像是勇氣。」
——名作家布芮尼 · 布朗（Brené Brown）

如果你跟大部分人一樣，這個章節應該是**創造**的其中一個章節。

如果你已經是 6 歲以上的年紀，學會了要保護自己、要玩得安全、隱瞞你的羞恥和瑕疵、隱藏某些情緒等等。但你以前是非常願意顯示脆弱的，你可以說想說的、毫無掩飾自己的情緒、感覺開心、願意去對別人表現愛、勇敢冒險、過著熱情且熱忱的生活，你就像個嬰兒並充滿活力。但是，現在的我們總是不斷地對自己重複說，已經不可能了，脆弱只能在某些人的面前展現。現在，我們覺得坐在一旁，掩蓋自己和批評別人是比較容易的。現在，我們要請你閱讀、想想，再次重新閱讀，並記得以下美國總統羅斯福（Teddy Roosevelt）說過的話：

「重要的不是評論家，不是那個指出強者如何被絆倒的人，或者指責做事的人哪裡可以做得更好的人。
這個榮譽實際上屬於在競技場中的男人，他的臉上被汗水和血液所污染，
願意勇敢地奮鬥、願意犯錯、
願意一次一次的將缺點展現，
因為如果沒有錯誤和犯錯，就不會易如反掌。
但，是誰努力地做到這一切，
是誰知道偉大的熱情和偉大的貢獻，
是誰將自己投入在有價值的理想，
是誰知道最終取得了高成就的勝利，
當他失敗時可能是最糟糕的，
但至少是在大膽的時候失敗，
所以他／她的位置永遠
不會與那些冷默和怯弱的靈魂相提並論，
因為那些靈魂一點都不知道何謂成功和失敗。」

事實上，我們將脆弱性的意思詳細地解釋——**百分百的活著、開放、充滿熱情和冒險**，是高效能領袖力的關鍵支柱，它培養了勇氣、激情、開放、親密等等。如果沒有了脆弱，你要獨自行走，受到一套盔甲的保護，注定將帶著未知的潛能死去。

我們建議翻閱布芮尼 ‧ 布朗的書或看她的 TED Talk——**願意脆弱**。在時間還來得及之前，讓自己願意脆弱，不然就只會剩下安全和遺憾。

勇敢去挑戰，透過你去影響其他人，再讓他們去影響更多人，一直傳下去。

保留和創造篇

第19章 清楚溝通

在這個章節，我們將會提出關於高效能領袖力最重要的觀點——**清楚和有效的溝通能力**。請注意，我們所提供的內容將適用於口語和書面書寫溝通。當然，你要不斷地問自己：「哪一種溝通對我比較有效，口語還是書面書寫？」不管是哪一種方式，有一些基本溝通的要素將會被細察和檢討。請記住，我們試圖強調溝通促進高效能領袖，以及整個公司。在閱讀過很多關於溝通的書和文章後，我們發現有很多關於溝通的解釋，但有些太過哲學，不適用於日常生活，所以並不實用；有些太簡單，所以也不適用。在工作坊或企業諮商時，我們最常用的溝通技巧是由五個觀點所組成，分別是：

1. Sender 發訊者
2. Receiver 受傳者
3. Message 訊息
4. Mode 方式
5. Response 回應

其中發訊者又分為兩種：

- 負責任
- 不負責任

而最常見的都是**不負責任**的，讓我們來看看這是什麼意思。一個不負責任的發訊者可能是最沒效率的，因為他們的焦點在自己身上。他們知道自己要說的意思是什麼，所以覺得受傳者也應該要知道，他們設計自己的內文和方式，就像他們對自己說話或寫信。很明顯地，這種溝通只能跟與他們有同樣思考模式的人進行才有效。另外，因為他們知道自己想傳達什麼，假設了受傳者也會明白，所以他們懶得留下來觀看或詢問。

關於回應，很明顯地，受傳者所聽到跟發訊者所說的或所寫的可能完全不一樣。如果你想知道關於這個的示範，可以去跟一個小孩講話，在對話結束後，問他：「你聽到我說什麼？」你可能完全無法確信有多少內容被改變了。又或者你可以試試玩小孩的「電話遊戲」，先輕聲地對一個人說：「全世界的鳥會在下雨時繼續飛翔。」要他們再轉向其他人，將同樣一句話一個一個傳下去，繼續傳給 10 ～ 12 個人，然後問最後一位接收者，請他大聲說出聽到什麼，答案會令人非常訝異，因為完全是不一樣的答案。他有可能說：「如果你在下雨天飛翔，可能會看到鳥。」

而這裡的關鍵點是——不負責任的發訊者只專注在自己、自己的訊息、自己喜愛的方式，所以通常都是無效和不清楚的。

現在，我們來看看什麼叫做**負責任**的發訊者，他們有何不同。簡單來說，最大的不同是他們設計了訊息和方式給受傳者或觀眾。他們承諾清楚溝通，最重要的是，他們承諾期望的回應或行動。他們專注於明確和觀察受傳者的回應。如果得到的結果不是他們要的，他們不會怪罪受傳者，負責任的發訊者會問自己兩個問題：

1. 我的訊息清楚嗎？

2. 我溝通的方式正確嗎？

在我們做企業諮商時，一個常見的例子不斷出現，當一個主管寄送一封電子郵件給其他人時，他們意識到那封電子郵件可能很容易被誤解，尤其是語氣。也許受傳者忽略了電子郵件（不採取行動）或以一些憤怒回應。負責任的寄送者會問自己以上兩個問題，然後決定改變方式。他們會拿起電話，或者去到受傳者的辦公室，用更人性和清楚的方式去溝通，而這樣的方式往往都行得通。

總結來說，**清楚有效地溝通，發訊者需要負責任並有意識地控制他們所能控制的：**

他們的訊息

與

他們的方式

負責任的傳訊者專門觀察受傳者的回應，如果不是他們想要的，他們會調整訊息內容或方式。

現在讓我們來看看「**受傳者**」和他們的工作，怎麼去創造良好的溝通。現今這個世界，大部分的接收者都是「多重任務」。意思是，他們常常被干擾，變得無法專注。難道你要飛機機長在邊聽塔台指示下降說明的同時也邊打簡訊嗎？當然不要啊！你會說：「請專注，我的生命危在旦夕。」

這裡有個技巧，我們已經用了很久，並教導很多人如何成為好的受傳者，這個技巧稱為「**主動傾聽**」。

就如它的名字一樣——主動，參與者要主動並證明他們真正參與討論。這個技巧適用於口語的溝通，但如果用在書寫溝通（簡訊、電子郵件）時，也是可以被調整的。因為受傳者證明他們的臨在，就算他們並不同意內容也會尊榮講者。當溝通持續進行時，主動傾聽也會展現出是否明白。要怎麼做呢？**主動傾聽**分三個部分或行動，如下：

1. 概要——「所以你要說的是⋯⋯」你提供簡短的總結，去表達當下所理解的。

2. 解述——「我聽到你說的是⋯⋯」你表明接收到對方溝通的精髓。

3. 重複——「你剛剛說⋯⋯」你重複一些主要的重點。

結論

通過保持專注和當前的溝通，使用主動傾聽的好處是：

- 顯示你明白並促進信任和開放度。
- 立即識別誤解。
- 表現出尊榮和關懷。

不管你如何溝通，不管你喜愛何種方式——大聲、安靜、囉嗦、簡短、明確、口語或書寫，如果你將以下兩個技巧帶入，可以很清楚和更有效的溝通：

1. 成為負責任的發訊者——為你的受眾去設計訊息和方式。注意回應並看有哪些需要修正，讓溝通變得有成效。

2. 成為負責任的受傳者——臨在、集中注意力，成為主動傾聽者。

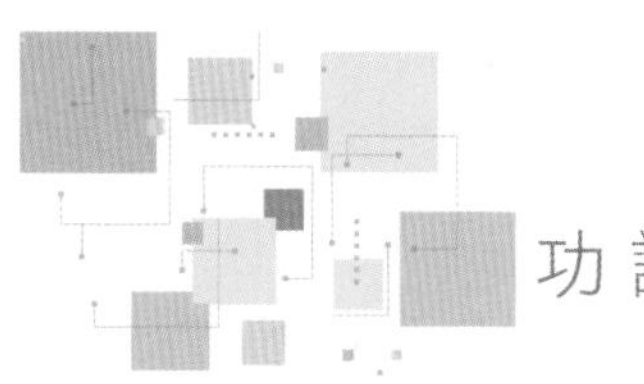

功課

有意識地練習溝通的技巧，持續維持一週或更久。我們認為溝通不順暢的最大問題是懶惰，或是我們太忙碌了而無法專注在溝通上。不管理由是什麼，請記住，大部分可能不是全部，高效能領袖的是善於溝通的。所以，練習！練習！練習！

保留和創造篇

第20章 教練式指導

這個章節將專注於高效能領袖力觀點裡，其中一個最難也是最重要的教練式指導。如果你與他人合作，管理其他人或只是帶領其他人，你必須能夠提高他們的能力和成就，讓他們可以突破一般的成果。在這個章節，我們會提到很多關於教練式指導的不同議題：與誰做教練式指導？何時及要如何指導？應該要注意的是，這些指導必須一遍又一遍地練習。一個相對比較新的領袖進入到高階教練指導時，就很像新手司機一樣，充滿焦慮和無效率。考慮到這點，我們先從一個問題開始——「**我需要指導誰呢？**」在很多年前，當高階教練指導被引進企業界時，當時傾向於強迫有問題的高階主管去接受引導，要不就會被解僱。幸好這種方法現在已經成熟，可以讓已成功的高階主管有機會去發掘更多自己的潛能。心理學家和哲學家馬斯洛（Abraham Maslow）很高明地表達了這個轉變，他說：「**幫助病人變好是好事，但這只是很少百分比的人。我們最好作為一個幫助人民的社團，讓原本很好的人可以變得更好。**」

讓我們更仔細地研究一下，在多年高階教練指導中發現，通常處理「問題」往往都不會成功，有問題的主管通常都表現出壞態度或行為，是必須被阻斷的。由於沒有人喜歡被阻斷，他們往往會防禦、要對和抵抗。因此，原本要信任的關係就存在衝突，而接收者也沒有開放接受。當然這樣的狀況可以被克服，但需要相當大的資源和時間，也必須有專業的教練式指導。因為大多數資深高階主管都是被聘來產生結果，而不是當教練，所以他們並沒有資格。這時你可能會問：「那如果有人抱持很好的態度沒有抗拒，但還是無法有成就？」這樣的狀態我們會把他們歸類比那些有問題的人好，因為他們是開放的，只是需要多一點的自信和特殊的技能訓練。

舉例來說，一個銷售員需要練習提問問題、增加產品知識、增強如何成交技術。通常，這對主管來說是最簡單的指導，因為主管早就具備了這些知識和需要的技巧。

我們的看法是，對一個主管來說，最好和最有生產力的指導就是「**從好去到更好**」，它允許採用全面性的方法去指導一個人和主管。由於他們已經成功，教練（經理／領導）只需提供不一樣的眼睛和耳朵去看看新的視角，超越平凡，創造非凡。有句俗話說「**每個人都需要教練讓自己可以真正改進**」。

下一個部分我們會來研討**何時**需要指導。有時它只需簡單地、直接指導下屬或合作夥伴。現在讓我們來看看企圖心、指導的目的和引導。

指引的企圖心是改進他人解決問題的能力而不是幫他們直接解決問題，這就好像是教一個人如何釣魚而不是直接幫他釣。

指引的目的是讓接收指引的人思想中可以創造一個清晰的情況，去支持他們取得成果，並和他們的目的及渴望一致。

教練式指導主要目標

1. 協助他們了解當前的狀態和情況。
2. 釐清他們想要什麼。
3. 讓他們明白有什麼阻礙。
4. 引出他們的承諾。
5. 制定可行的行動計畫。

引導的目的

告訴別人要怎麼做，是讓他們對主管的目的和渴望有所行動。很明顯地，有時這種方法可能是提高效率所必須。那你如何知道引導式，還是教練式指導比較好呢？

以下是一些關鍵標準：

- 時間——引導式所花時間較少，教練式指導則需更多時間。
- 風險——如果有很高的失敗風險或後果，引導式可能更有保障。
- 技能程度——較低技能通常需要引導式。

讓我們用一個極端的例子來說明。如果你在戲院看電影時，火警警報器響了，這時你需要被引導，例如：「站起來，趕快往出口的方向疏散。」而如果是教練式指導就會是：「你有感覺暖暖的嗎？」請記得，大部分狀態不會像以上的例子那麼極端，而每次你引導時，可能需要一次又一次的引導，因為在引導時是沒有學習的機制。

提示

最後，我們想提供一些關於要如何「教練式指導」的提示，而一個成功的指導，首先最重要的狀態是**在乎**。請記住，**「沒有人在乎你知道多少，直到他們知道你有多在乎」**，對他們的生活感到有興趣，而非只在乎結果。我們通常都會跟所指導的主管們有很深厚的關係。再來，有意願的提問讓他們可以參與，請採取開放式的問題，例如：「告訴我你想要什麼和你的目標是什麼？」讓他們有機會揭開他們的想法。而封閉式問題，例如：「你同意你是一個害羞的人嗎？」則讓他們回答是或不是，封閉式問題通常都專注於討論議題。

以下列出一些需避免的事項，或許對你有點幫助：

1. 避免講太多話。

2. 避免給太多建議或你的意見。

3. 避免解決他們的問題。

4. 避免操控他們到達你想要他們到達的方向。

5. 避免對錯的批判。

6. 避免接受藉口。

問題

以下是一系列問題，你可以視為指南，當你想增加教練式指導的專業知識時，可以加上這些。

1. 你最想改變的狀態是什麼？

2. 這樣的狀態如何阻礙你的成功？

3. 這樣的狀態你要付出什麼代價，別人需要付出什麼代價，公司需要付出什麼代價？

4. 當改變這個狀態會給你和其他人帶來什麼好處？

5. 在新的狀態你要什麼？

6. 對於你目前的狀態，你可以採取什麼行動來實現重大改變？

7. 當你要達到目標時有什麼會阻擋你？

8. 你可以做些什麼去避免失敗？

9. 你可以做些什麼具體行動？什麼時候做？

10. 你需要我或其他人給你什麼樣的支持？

在我們總結本章節時，有一點需要強調，如果沒有有效的教練式指導，便不可能成為高效能領袖。此外，對我們而言，成功的教練式指導給了我們很深的滿足感，因為我們知道有一個人的生命改變了。

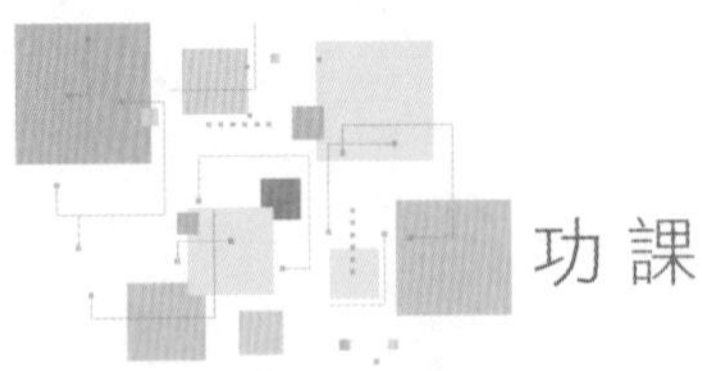

功課

對一個有意願的朋友做教練式指導。

保留和創造篇

第21章
減壓

歡迎來到可改變生命，並且能自我幫助的章節——減壓。

讓我們從一個可以讓你停下來思考的引言開始吧！我們通常會說「**我有壓力，但真相是壓力擁有我**」，它不帶任何警告，控制著我們的思想和情感，甚至還創造疾病。若要說出真相，我們所認識的每個人都需要在他們的生活中減輕壓力，為什麼呢？有很多的原因：

1. 壓力是不健康的，很多研究報告指出壓力是構成很多重大疾病的原因。

2. 充滿壓力的刺激和狀況無所不在。

3. 通常我們無法意識到壓力存在，直到它到了一個極端，是一個慢性長期的痛。

這個章節分為兩個部分：

1. 是什麼原因造成的，它的徵兆和副作用，而我可以改變什麼呢？

2. 當我認出壓力時，我要如何消除或減輕它？

減壓第一部分

恭喜你承諾用積極主動的態度去面對生活上的壓力，第一步就是先停下來，然後去想想關於壓力。

1. 什麼事情讓你最常感到壓力？（列舉出來）

____

____

2. 什麼樣的人讓你最常感到壓力？（列舉出來）

____

____

3. 當你留意到壓力時，身體上的哪個部位最有感覺？

____

____

哪個程度的痛感？ 1 ～ 10 分；1 小痛，10 極度痛苦。

____

____

4. 當有壓力時，在情緒上感覺如何？例如：悲傷、無助、絕望。

____

____

在哪個程度？ 1 ～ 10 分；1 很小，10 很大。

____

____

當你停下來意識到生活上的壓力時，就可以發現到它是很常見且不健康的。希望以上練習有助於你開始留意自己和壓力的關係。

讓我們繼續探討壓力造成的原因，當我們詢問，幾乎所有的人都回答在他們的生活上曾經歷過重大壓力，當然，大多數人發現他們的壓力程度和相關活動兩者之間存在著相關性，例如：開車遇到塞車、看醫生、搭飛機遭遇亂流等等，都會感受到壓力。因此，我們認為活動是我們造成壓力的原因，而消除壓力的方法就是消除活動。

讓我們再深入一點，有個觀點說有些東西天生就帶著壓力，總是給所有人帶來壓力。但這是真的嗎？不管任何你可以想到的行動，有些人做時是沒有感受到壓力的。如果他們都可以這樣，為何你不行呢？原因就在於「恐懼」。我們每天大部分的活動所產生的壓力，不管是長期性，或是過度緊張──跟老闆開會、看醫生、截止日期到了、試著想要完美的結果，都會感受到以為的恐懼。這跟真實的恐懼不一樣，例如：你被一隻老虎追，這時你正在體驗真實的恐懼，因為你的生命受到威脅。而如果你正因為第一次約會或要上台演講而感到壓力和恐懼，這些恐懼並不會讓你的生命受到威脅，它只是基於你所產生的看法。

你是否曾經有過壓力，但改變了態度和看法後，結果卻產生完全不一樣的體驗呢？因為你的情緒和身體健康受到威脅，我必須重新提醒你這個議題的重要性，所以你需要積極地參與並完成作業，才可以在生活中有所改變。

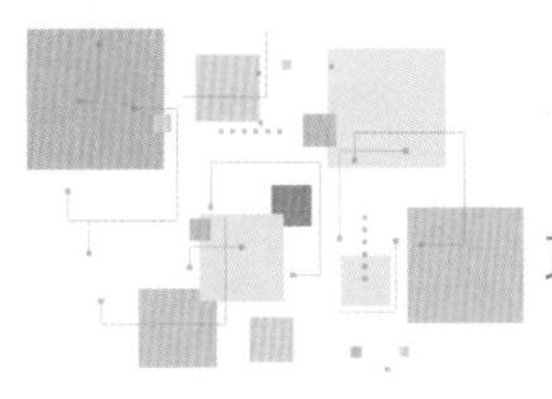

功課

- 請回到上一個部分，有哪些的人事物或狀況讓你感受到壓力，哪一個總是讓你感到壓力？
- 請列舉出有多少次或有多少人？（1、2、3……）
- 有哪些人事物或狀況偶爾讓你感受到壓力？有多少次或多少人？
- 哪一個類別比較大？
- 你覺得為什麼某些人或某些狀況總是會帶給你壓力？

刺激因素 ——————→ 反應

當遇到刺激產生壓力時，或許嘗試以不同的方式看待生活中的事物，每天練習一或兩件事，持續一週看你是否做得到。記住，你可能要放棄舊有的信念，例如：「**壓力幫助我集中注意力，並使我變得更好**」。如果你需要一些例子來說明這個信念是如何誤導人的，可以試著想想一個年輕人第一次開車上路，他非常恐懼和感到壓力，而我們就說他是很糟糕的司機；又或者如果你搭上飛機，卻聽到機長談論他們充滿了很大的恐懼和壓力，馬上便會想改搭其他班機。

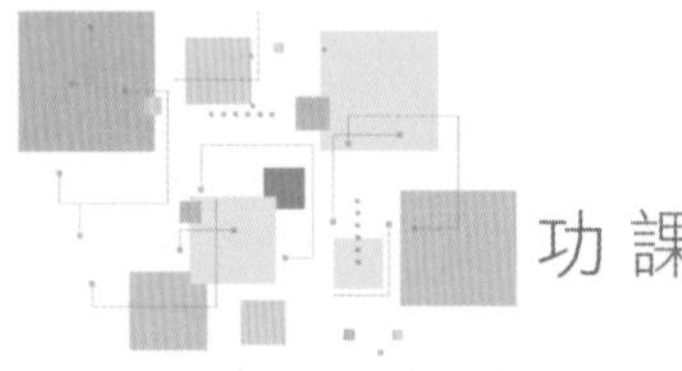

功課

- 列舉出 *3* ～ *4* 個讓你產生很大壓力的活動。
- 如何用不同的觀點去看待？

以下的圖解或許可以幫助你去獲得壓力程度的控制權。

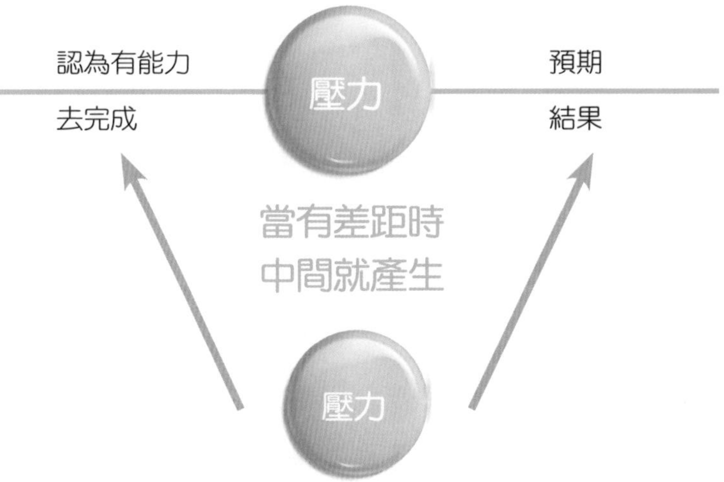

舉例來說，明天有個功課要交，但我覺得需要 2 ～ 3 天的時間才能完成，而中間的這個差距就產生了壓力。也許我可以試著重新談判預期的結果（移到圖表的左邊）。

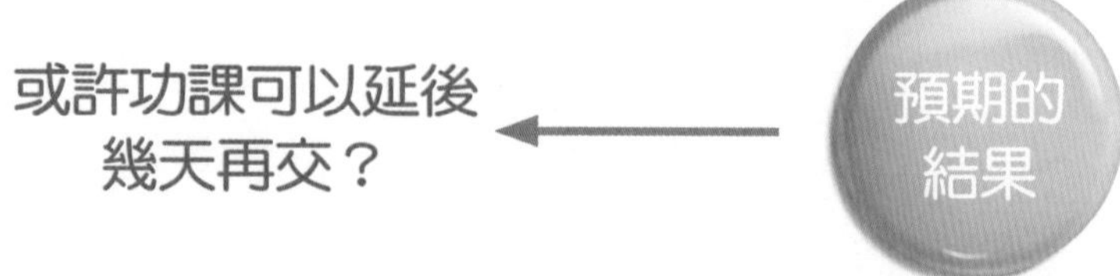

這也許會影響我對自己完成事情能力的看法，而那個差距就會關起來，換句話說，現在我有更多的時間，我知道做得到，壓力就會消散。

我們讓自己感受到壓力最常見方式之一，就是無意識不斷地預測未來，我們會覺得其他人肯定也很忙，所以如果我們要求幫忙，他們會拒絕。當我們都不開口詢問時，永遠不會知道答案！

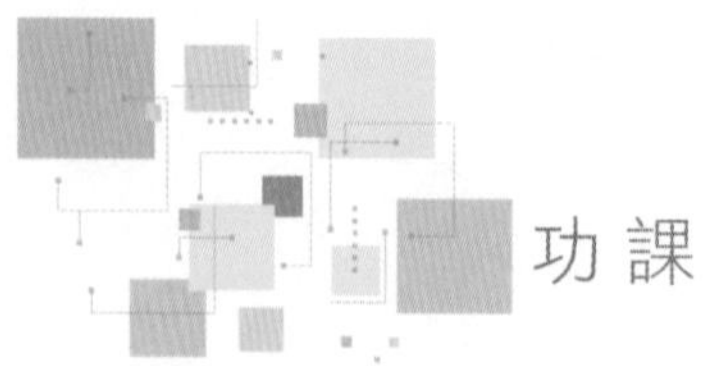

功課

盡可能地去引發別人幫忙那些讓你感受到壓力的活動或企劃，我們相信你肯定可以做到的。

總結，**壓力是一種因害怕而產生的精神狀態**。例如：

- 害怕遲到。
- 害怕無法完成企劃。
- 害怕被拒絕——面試或約會。
- 害怕未知——無法預測新的狀況。
- 害怕失敗（工作、關係、金錢）。
- 害怕受傷。

當我們害怕時，我們的頭腦就會開始擔心，而身體就會反應不健康的壓力。當我們準備好要學習如何降低壓力時，確保練習在精神上你可以控制的事情，這也將有助於你的身體。請記住，沒有任何東西是先天性的壓力，那都只是我們的看法。

1. 減少恐懼和擔憂，改成關心。
2. 停止你的頭腦繼續賽跑，深呼吸。

告訴自己，做得很好！

減壓第二部分

還記得前面提過的嗎？**我們沒有壓力，壓力擁有了我們。**

在這個減輕壓力的部分，我們將學習關於如何控制——減低或消除壓力，以及壓力所帶來的有害影響。請停下來思考，並完成所提供的練習，以至於為自己創造最大價值。請問問自己：

- 我多久才會注意到自己體內的壓力？
- 它會出現在身體的哪個地方？
- 我如何去處理它？

壓力你要減輕它，不然它將會減輕你

知名作家彼得 ‧ 戴曼迪斯（Peter Diamandis）曾說：「**你的心態很重要。它會影響一切——從你做出的商業和投資決策，到你撫養孩子的方式，以至於你受壓程度和整體健康。**」大部分的時間我們無法意識到身體狀態和我們的長期壓力，直到所有的事情已經開始垮掉和生病時。

減壓技巧

我們要歡迎你來到對心理、情緒和身體健康有益的部分，這部分將使用一些完善的呼吸技巧和冥想，剛開始你可能無法好好利用這些練習，但如果持續練習，你會發現在這個自我幫助的旅程中，它們會變得容易。

第一式：呼吸和讓頭腦放鬆

找到一個可以讓你安靜 4 ～ 5 分鐘的地方，準備好時，讓我們開始吧！

做一個深呼吸，忍住，忍住，然後呼出來，再一次深呼吸，忍住，然後大聲呼出來。回到自然呼吸，將你的頭腦和注意力放在右腳掌，就只是右腳掌，留意它是冷的還是熱的？是酸痛還是舒服的？是緊崩還是放鬆的？動動腳指頭讓你可以更專注，現在再做一個深呼吸，忍住，然後呼出來。回到自然呼吸，將你的整個注意力擴張到整隻右腳，感覺肌肉是緊崩還是放鬆的？是冷的還是熱的？是酸痛還是舒服的？留意它，然後再做一個深呼吸，呼出來。現在擴張你的意識到兩隻腳，左腳和右腳，留意它們是緊繃還是放鬆的？是酸痛還是舒服的？是冷的還是熱的？再把意識帶到你的雙腳和後半腰，我們通常將壓力存放在後半腰，你的腰緊繃嗎？酸痛嗎？還是沒有感覺？你有多久才留意到身體的這部位？再做一個大的深呼吸，忍住，呼出來，現在將意識帶到你的整個胃，壓力有產生消化問題嗎？有脹氣不舒服嗎？現在擴張到你的心臟和肺部，做 3 個深呼吸，留意你的肺是如何擴張和收縮的？現在回到自然呼吸，把意識擴張到你的肩膀，輕輕地移動肩膀，留意它們，很緊嗎？它是否背負了很多壓力呢？做一個深呼吸，當你呼出來時同時也將你的肩膀放下，放鬆。現在移到你的脖子，輕輕動一下頭並留意脖子，當你移動時是否有聲音？是否感受到壓力在這個地方？現在留意你的下巴，會緊嗎？留意你的太陽穴，我們通常會感受到緊繃和疼痛，有時還會頭痛，做個深呼吸，呼出來，放鬆。最後擴張你的意識到頭頂，做 3 個深呼吸然後放鬆地呼出來，接著靜靜地坐幾分鐘，允許自己去體驗這平靜的一刻。

第二式：清空房間

用你頭腦的眼睛，想像自己往下看到一個空的房間，裡面沒有任何人或家具，只是一個空蕩蕩的房間。現在想像一個單字出現在牆上，不管任何字，就是想像一個單字。接著將房間再次清空，只是空白的牆壁，沒有任何字樣，然後將房間注滿很多很多的單字，非常擁擠和混亂，那些字多到無法辨認出來，你可以感受到這個房間裡的壓力嗎？我們的生命常常就是這個狀態，現在做一個深呼吸，呼出來，再次清空房間，沒有任何字樣存在，就只是空蕩蕩的房間，呼吸和放鬆直到房間完全被清空。現在做 3 個深呼吸，當你呼氣時用聲音呼出來，讓肩膀也同時放下，並將頭腦靜下來。自然呼吸和靜靜地坐著。去留意你的感覺，是否比較沒有壓力，比較放鬆了？沒有對或錯的感覺，就只是讓自己舒服地坐著。有些人對清空房間這技巧會覺得比較容易和比較舒服，但記住，只要你多練習，你就會越做越好，感覺越放鬆。

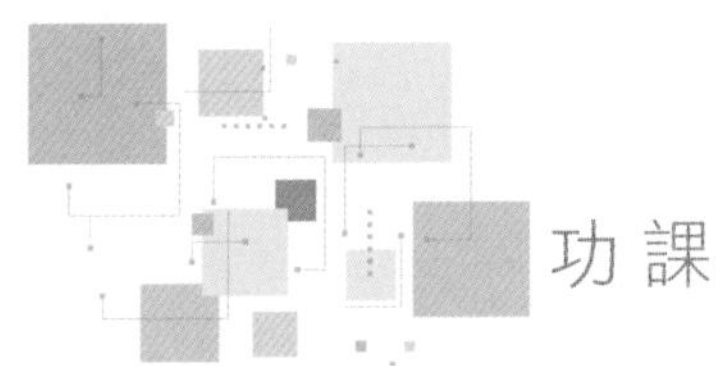

功課

- 進行清空房間練習和呼吸練習，每天 2 次，持續一週。
- 留意你的身體和在你生活上的壓力減輕。

減壓總整理

壓力在每個人身上都常見到，它在我們的精神上、情緒上和身體上不斷負面地影響著。壓力不是天生的，不同的人對於壓力有不同的反應，對我是壓力，對你可能一點都不是。所以，壓力是來自我們的恐懼、信念和看法。只要改變思想與看法，就有機會減輕我們以為的恐懼，也可以降低受壓的程度。如果將注意力放在身體上，我們可以留意到壓力，並透過一些技巧去減輕它。

1. 呼吸和身體的意識練習。
2. 清空房間練習，讓腦袋靜下來。

就像其他的改變一樣，減壓是需要**有意識**和**練習**的。

恭喜你，減壓可以培養高效能領袖力，因為沒有人想要與壓力或有壓力的人一起工作！

保留和創造篇

第22章 影響力

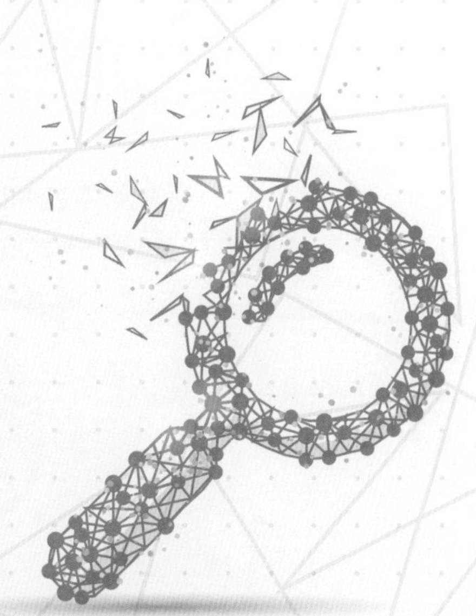

再次歡迎來到另一個高效能領袖之路的章節。我們將會專注在一個重要的技巧，讓我們可以持續地達成和維持成功——**影響他人的能力**。為什麼這個能力對高效能領袖是那麼的重要呢？簡單來說，在我們所屬的領域中，很少擁有全部或足夠的權力責任。很明顯的例子：

- 和其他組別合作的企劃。
- 客戶和客人。
- 老闆和老闆的老闆。

- 個人的關係。

用溫氏圖表（VENN）來解釋我們的兩難，上面這個圓圈代表我們對別人的權力。

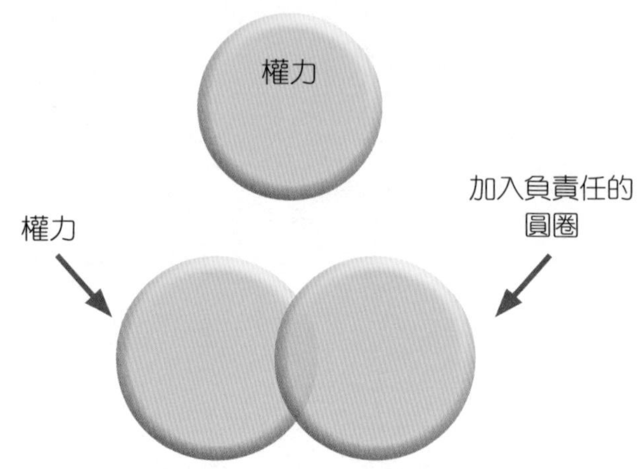

下面兩個圓圈中間重疊的部分，代表我同時擁有權力和負責任的地方，但遇到的問題是「我需要負責任，但我卻沒有權力」，換句話說，如果只是給他們下命令，我無法創造共識和行動，所以你必須讓自己變成有**影響力**。我們將影響力定義為引發其他人思考和採取行動，以至於可以和目標有一致性。如果我們停下來觀察，人們總是試圖想影響他人。有很多方法可以做，有些是好的，有些是不好的，以下是一些影響他人的負面例子：

1. 說謊。
2. 賄賂。
3. 操弄。
4. 欺負或強迫。
5. 大呼小叫、褻瀆、憤怒。
6. 創造恐懼。

很不幸地，這些例子是如此熟悉和常見。我們的看法是，這些人是懶惰的，只想創造短期的改變，還破壞了關係。

現在讓我們來看看三個可以影響他人最好的方法，不管是運用在短期的改變，或是長期的改變。它們並沒有優先順序，沒有其中一個比另外兩個好，哪一個比較好則視情況而定。考慮到這一點，**有效引發的方法就是溝通出強大的願景**。如果你試著溝通的那個人和你的願景有一致性，這意味著他們充滿熱情，並且在精神上、情感上或靈性上都受到那個願景感動。有很多這樣的例子，人們因為願景願意親自做出巨大的犧牲，譬如工作很長時間而沒有額外的工資，基於他們相信這樣將為整個企業帶來好處。而要傳達的願景必須清晰、簡潔而有說服力。

另一種選擇有效的影響力是**提供一個好想法**。在很多企業裡，即使不是多數，一個獨特和創造性的想法或創新，會讓別人停下來考慮你的想法的可能性，這已經無關你是否為主管階級，或是有很多的權力。3M 公司就是一個非常成功的例子，因為它們的茁壯都是基於新的發明，有些最好的產品還是由祕書所發明，他們看到了需要並且去填補。

最後，影響另一個人最簡單、最快捷的方法就是**擁有一個強大的信任關係**，這個方法幾乎沒有阻力也不會花費時間，所以如果你沒有很多的權力，那就去建立關係。我們認為可以用一個老故事來詮釋所有的方法，或許你已經聽過這個故事。

有個男孩在海灘上撿海星，並將牠們一個個丟回海裡，因為颱風過後海灘上有上千隻海星，有一個老人走過去問：「你在做什麼？」小男孩簡單地回答：「我正在把海星丟回海裡。」「為什麼？」老人問。「因為如果我不把牠們丟回海裡，牠們會乾掉、死掉。」小男孩回應。「是的，但有成千隻，你無法改變什麼的。」老人表明。當小孩聽完老人的觀點後，他繼續彎下腰撿起海星，把牠丟回海裡。接著小男孩轉向老人說：「對這隻就不一樣啊！」老人笑了，因為他明白了。小男孩後來又問：「你不加入嗎？」老人開始和小男孩一起將海星丟回海裡。當其他村民看到時，也一起加入了，所有海星都被拯救了。這個小男孩有一個好主意，並創造了一個有影響力和一致的願景，他就是一個高效能領袖。

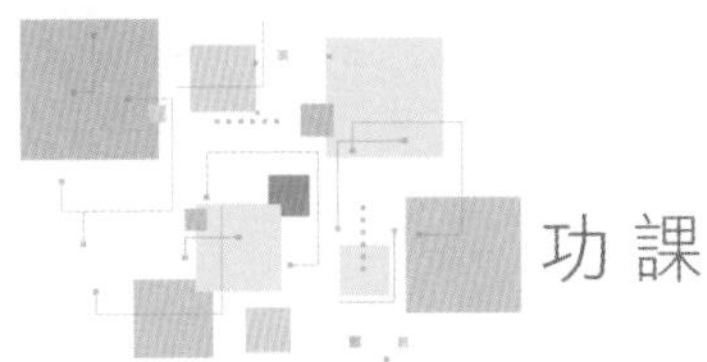

功課

創造一個好的關係、願景或好的主意，做出改變！

保留和創造篇

第 23 章 感召——3 個盒子

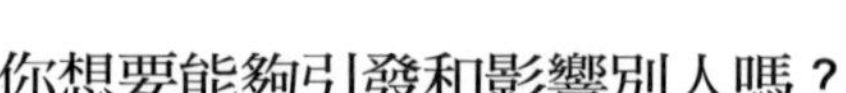

你想要能夠引發和影響別人嗎？

你肯定想的，每個人都想，為什麼這個很重要呢？

請記住，我們在沒有絕對權威下仍有責任和需要。

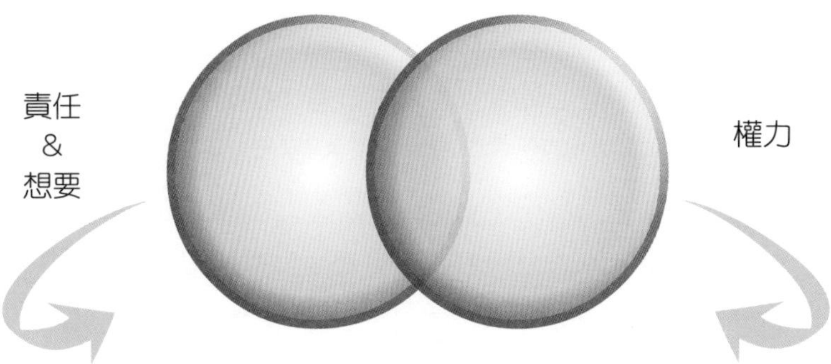

在兩個圓圈中間重疊的部分，生命變得輕易。當我們有權威，就只要告訴別人該怎麼做，但問題是在大部分的生活裡，我們並沒有完全的權力。以下是一些例子：

・關係——夫妻、朋友、家人。

・工作——團隊、同事、老闆。

・日常生活——公車司機、服務生、銷售員，每一個人！

因此當我們有更好的引發和影響力時，就更可以得到我想要的，更可以和別人創造雙贏的結果，而可以更開心！那要怎麼做才可以更有效呢？答案是，結合你過去的經驗，利用 3 個盒子的架構。統計顯示，當你應用此架構時，就可以將效率提高 25 ～ 33%。

要怎麼做呢？如果你試著影響 10 個人，其中 1 個說「要」，3 個說「不要」，6 個說「或許」。但大部分「或許」的答案最後會變成「不要」的答案，而當你運用 3 個盒子的架構，就可以增加 1 ～ 2 個人說「要」，有時可以更多！讓我們開始吧！一起邁向成功。

3 個盒子架構

第一步

準 備

先了解你的產品或服務，以便回答問題並提出建議幫助客戶。

第二步

提出問題－探測

3 個盒子架構主要不同的地方是它的焦點在別人身上，而不是自己。所以談話的開始非常重要。

- **協議**——與你面前這個人建立關係，開始去引發他們、關心他們、跟他們一起參與。

- **一致性**——確保你明確清晰地表達對話的目標和出發點。

當你已經創造好地基時，就可以開始提出問題。問題分為兩類：

- **開放式問題：**是為了收集資訊，開放式問題，例如：「告訴我關於……在你生命裡有什麼問題或你想要的嗎？」或「可以多說點關於……在你生命裡有什麼問題或你想要的嗎？」

- **封閉式問題：**是為了創造焦點和強化事實，封閉式問題只是要一個單字的答案，例如：「你是否要……」「所以你想改變……在你的生活上，對吧？」

第三步

在對話中很重要的是讓客戶多講，這樣將打開他們對問題的擁有權和你可以幫助他們能力的大門。大部分時候，我們總是被教導被動地聆聽，但在這裡我們要教你使用**主動聆聽**，當他們在說話時，你要保持當下並用簡短的回應**總結、改述、重說**。主動聆聽創造你和訴說者一個連結，並且可以避免誤解。

第四步

當你聆聽時，去學習到主要的議題、問題、需要等等，去了解到什麼對他們來說是重要的。

第五步

你會發現引導又分為三個部分：

- 提供建議和解決辦法。
- 總結對他們的價值。
- 結案──行動。

以下圖表讓你更清楚知道 3 個盒子架構：

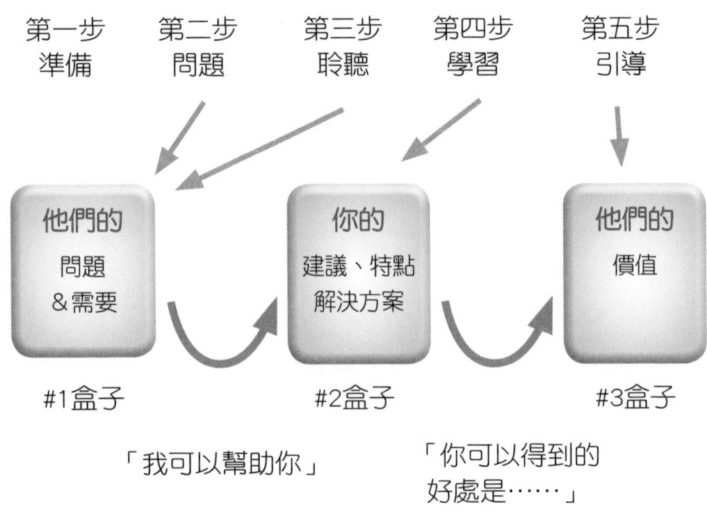
第一步
準備
第二步
問題
第三步
聆聽
第四步
學習
第五步
引導
他們的
問題
&需要
你的
建議、特點
解決方案
他們的
價值
#1盒子
#2盒子
#3盒子
「我可以幫助你」
「你可以得到的
好處是……」

範例：

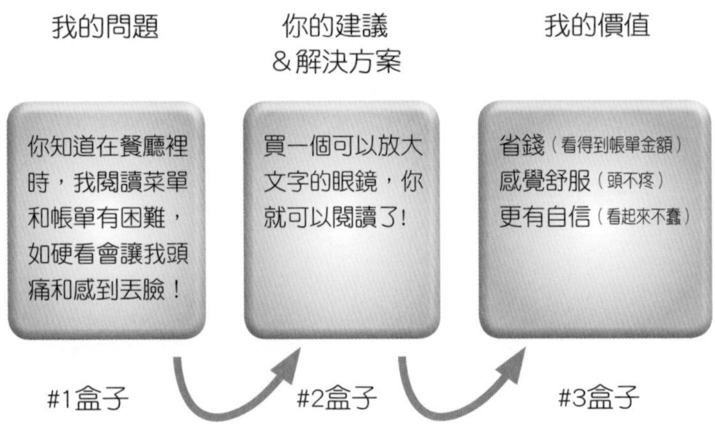
我的問題
你的建議
&解決方案
我的價值
你知道在餐廳裡時，我閱讀菜單和帳單有困難，如硬看會讓我頭痛和感到丟臉！
買一個可以放大文字的眼鏡，你就可以閱讀了！
省錢（看得到帳單金額）
感覺舒服（頭不疼）
更有自信（看起來不蠢）
#1盒子
#2盒子
#3盒子

當你可以給出建議和總結我得到的價值時，就可以採取行動——購買眼鏡！

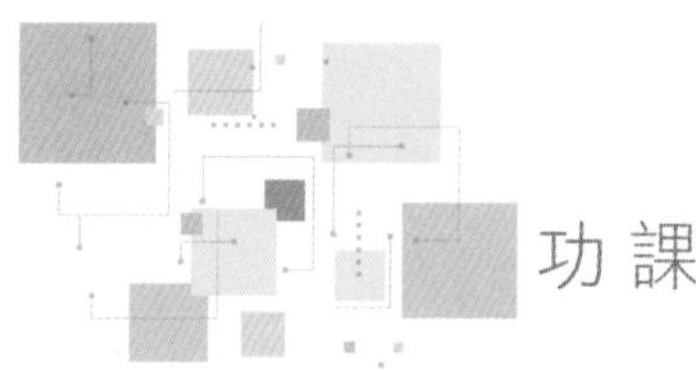

功課

恭喜你，你已經學會如何更有影響力，現在就去引發別人為他們創造價值，達到雙贏！

保留和創造篇

第24章 建立地基

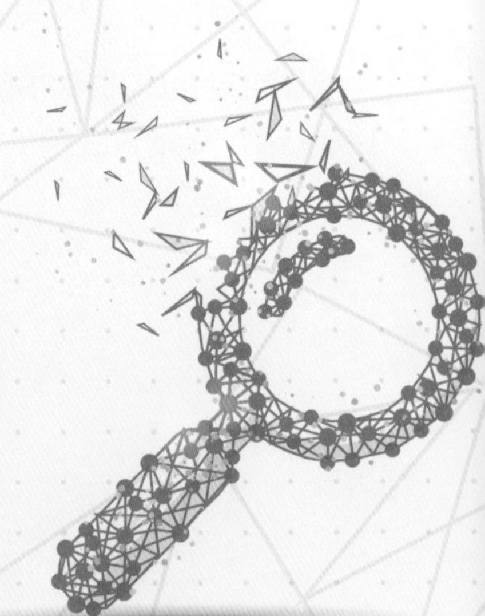

你或許可以問問自己：「建立地基有什麼重要的意義？」「它代表了什麼？」這是個很好的問題，我們將會透過提出問題來回答以上問題——

什麼是地基？為什麼對高效能領袖不可或缺？

如果你曾經到過台北，肯定看過 101 大樓，將 101 層樓向天空延伸。當它被建造時，花費了大量的時間與精力去建立一個強大而堅實的地基。建築師知道這棟建築物必須有特別的地基，才能承受地震及颱風。非常聰明地，他們一開始進展很慢，是為了後面的努力而先做好充分的準備。這是符合邏輯的，對吧？當然，但這並不是企業裡舉辦會議或籌畫活動的方式。

幾年前哈佛商學院做了一個關於企業界會議的深入研究。他們發現會議分成三個部分：

會議三步曲

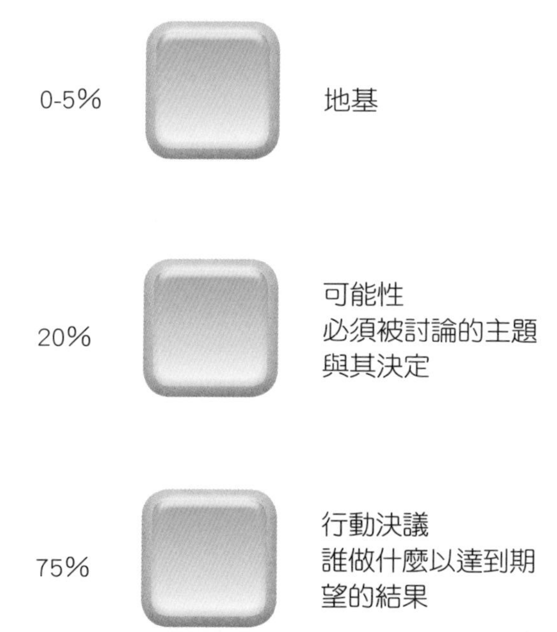

左邊的數字，反映會議上分配在各方面的量（%）。很明顯地，我們只花很少，甚至沒有花時間在地基上。由於我們沉溺於行動，將大部分的時間都花在行動決議上。

在哈佛的研究裡發現，只有少數的公司應用了不同的百分比率（%）。事實證明，這些公司在會議和成果方面取得了相當大的成功。他們的百分比是：

他們起初很慢，因此他們在後面可以快一點。就像是一個成功的園丁，為種子準備了土壤。在 1 小時的會議裡，他們花 15 分鐘在地基上。這些特別成功的公司，在討論問題之前確保每個人都在同一個位置上，有共識。為了這個共識有六個要素：

1. 宗旨——為什麼我們要有這場會議？
2. 目標——我們要完成什麼？
3. 策略——我們將如何達到目標？
4. 架構——通常是會議的時間表。
5. 角色（任務）和責任——由誰負責和對他們的期望是什麼？
6. 規則——一起工作的理念（工作理念）。

如果你沒有花時間清楚表達這些東西，可能會發現這樣的團隊：

一致性圖表

非常掙扎的過程：

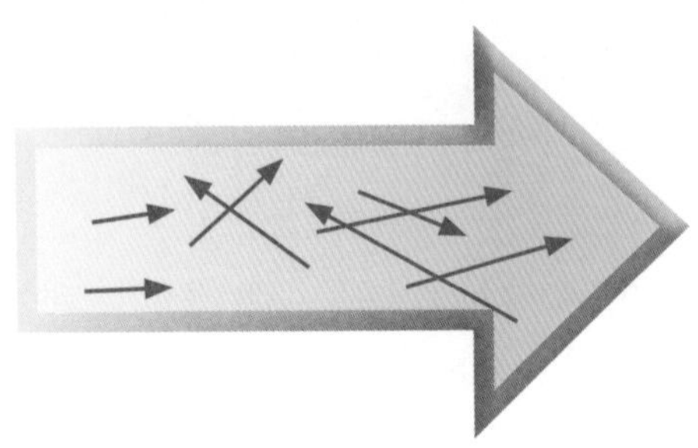

如果你花點時間，你可以創造共識：

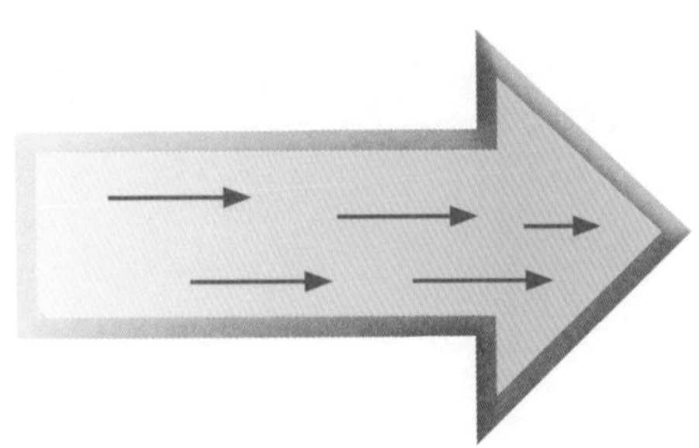

如果你想要範例，就看一個不好的運動團隊：

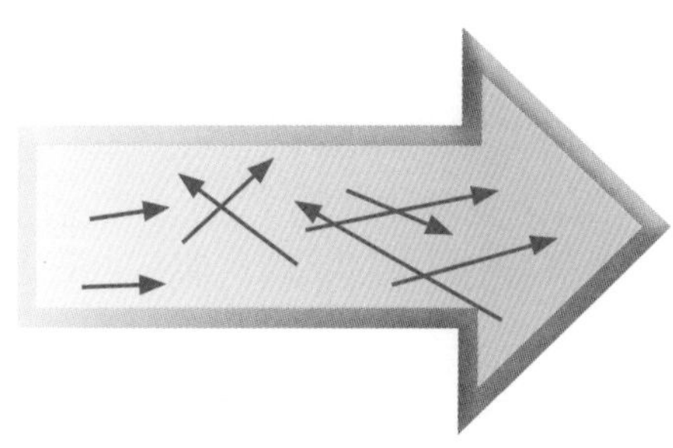

而一個好的運動團隊，他們在那裡協議同盟，並往同一方向前進（獲勝）：

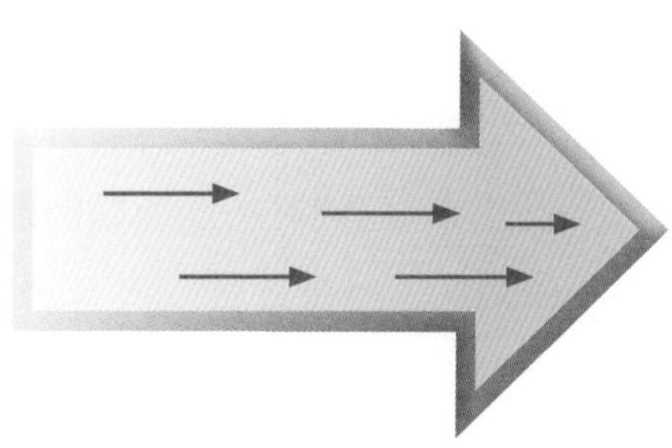

這看起來很有道理，即便一開始要求投入少量的時間，但為什麼它對高效能領袖來說是這麼重要？讓我們回到一些定義來回答這個問題。

- 經理——基於權力讓他人採取行動。
- 領袖——基於共識讓他人採取行動。
- 高效能領袖——一致性的共識再加上鼓舞而創造非凡成果。

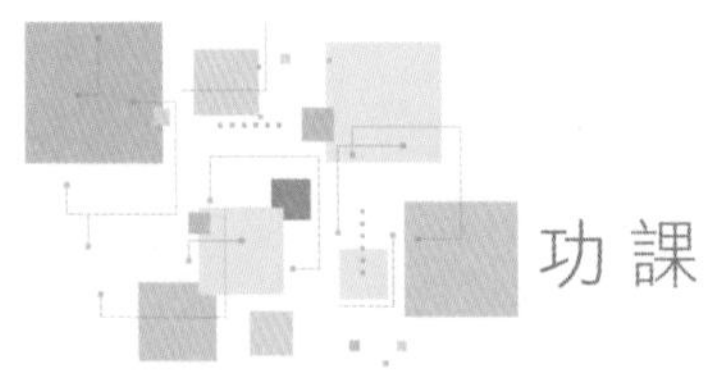

功課

為接下來的三次會議建立地基，並留意到參與者更清楚了解並有被授權和鼓舞。

緩慢推進到快速前進。

保留和創造篇

第25章 授權團隊

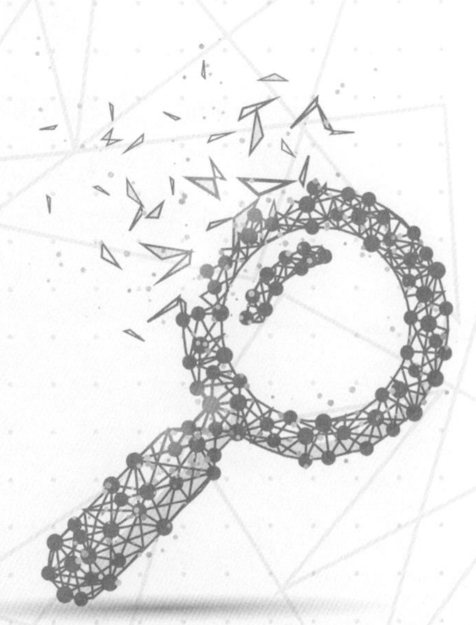

有能力、承諾、授權是高效能領袖很重要的特質。有史至今，沒有任何人可以獨自實現自己的願景，團隊是「創造共識和引發去達到非凡成果」的方法之一。即使高爾夫這種個人運動中也是如此，有史以來最偉大的高爾夫球手——老虎伍茲，是有一群人幫他練習、鍛鍊、健康飲食、制定策略等等。如果沒有這樣的合作，他就無法達到非凡的成就。

不管怎樣，我們日常生活中有許許多多的團隊，特別是在一些普通和中下的企業裡。我們必須問，對於高效能領袖有什麼差異？答案很簡單卻也很罕見，就是授權。高效能領袖，無論是自然地還是有意識地練習，將支持賦予他們的團隊。他們珍惜其他人的意見，他們傾聽、信任和尊重，他們知道「**一起比獨自一個人好**」，團結就力量！

授權

這是大多數高效能領袖擁有的獨特天賦——他們能有效地授權。很多的經理或領袖都認為他們授權工作做得非常好。但在我們的經驗裡，真正的授權是非常少見的。這裡要解釋一下，對大多數人來說，授權實際上只是將一個人的工作任務交付給其他人的過程。因為「我太忙了」、「這太簡單了，每個人都可以做」或「我不想／不喜歡做」。因此，接受責任義務的人好像是現實世界運作中的一顆棋子。

以下是一些最常見的授權工作的例子：「請把這份報告放在一起」或「請把辦公室整理乾淨」。在上述的例子裡缺少了目的和責任這兩個必要因素。當授權**目的**和**責任**同時並存時，團隊或個人會被鼓舞且有機會成功。為了闡明，「如你所知，這份報告是我們計畫過程的關鍵，而你展現出有能力去籌畫好報告。我們相信你能運用技能將它整合在一起。是的，這個願景確實需要長一點的時間，但它是相當值得去做的。」或「由於一個乾淨的工作環境對整個團隊來說是非常重要，我相信你對這樣的狀況負有責任。那你需要什麼樣的支持和協助呢？」再強調一次，賦予個人或團隊目的和責任。學習去實踐有效的授權，它就會創造雙贏。

最後，授權團隊勢必要執行的部分，請參考清楚溝通、信任、尊重和創立地基的章節。

感謝

不需要很大和浮誇，只要持之以恆。人們因做好工作而被關注時會做出回應。如果你想成為高效能領袖，請授權你的工作夥伴、同事及團隊。賦予他們目的和力量，同時感謝並認同他們的努力和結果。

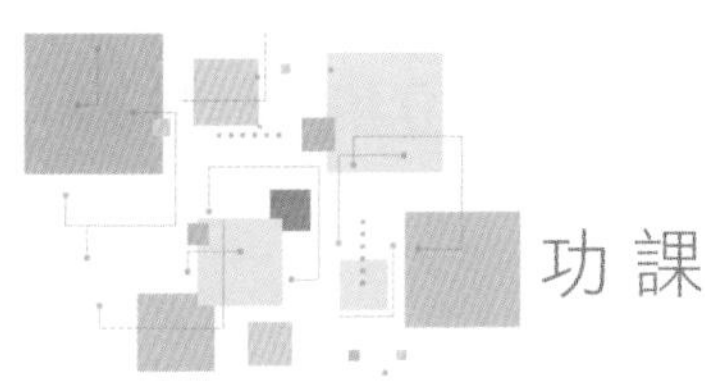

功課

私下表示感謝一個人，公開表示感謝一個人。

保留和創造篇

第26章 建立信任和尊重

每個高效能工作坊的最後都強調建立相互信任和尊重的企業文化。

以下是一個企業的「簡化版」：

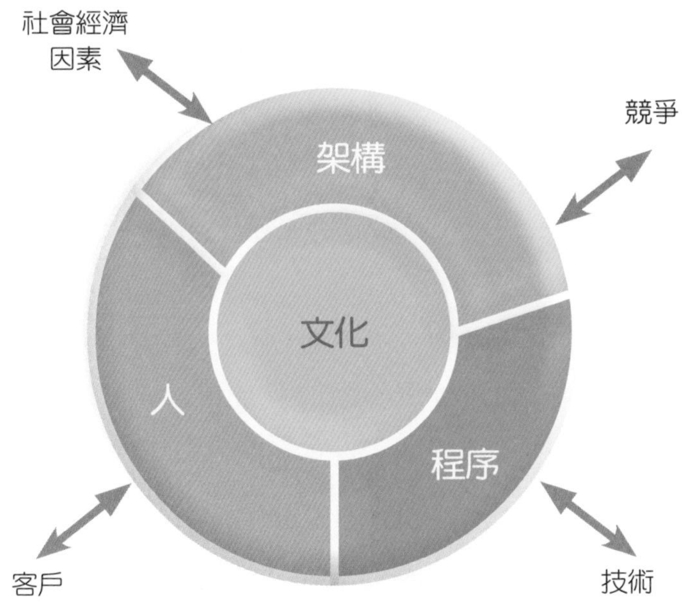

我們很容易注意到外在條件不斷地變動（競爭、技術等），企業組織也必須能夠跟隨著改變。很不幸的是，大多數的公司都只在組織架構、程序或人上做改變。當然，因為東西不一樣了，所以常常需要被改變。例如：電影行業，由於科技讓觀眾能夠隨著潮流透過智慧型手機下載並觀賞電影，來取代到昂貴的戲院觀賞。此外，飛網（Netflix）和亞馬遜（Amazon）已創造出新的競爭，這迫使傳統的戲院必須做出相當大的改變。但是，在外部力量的衝擊下，很少公司可以在忽略企業文化（願景、理念、核心價值——我們如何合作）的情況下生存下來。

能持續的公司是那些領悟到文化相關性與重要性的公司，例如：公司永續（基業長青）。如同農夫與園丁明白真正的事實是——環境（土壤、陽光、水）比栽種方式更為重要。

世界知名的管理學家伊查克・愛迪思（Ichak Adizes），他曾與世界上一些規模最大、最成功的公司合作。事實上，他甚至將技術運用在一些政府機關裡。他的方法很簡單，也非常有力量，詳見下頁「建立信任和尊重圖表」。

差別在於建設性的衝突是基於互相信任和尊重。嘗試看看，培養一個信任與尊重的文化。如果你確定要做的話，請準備好讓自己在很長的一段時間內都維持這個承諾。看起來，信任與尊重需要花相當長的時間才能建立起來，卻只要很短的時間就可以被打破。它是需要一致性且被關愛的。

建立信任和尊重圖表

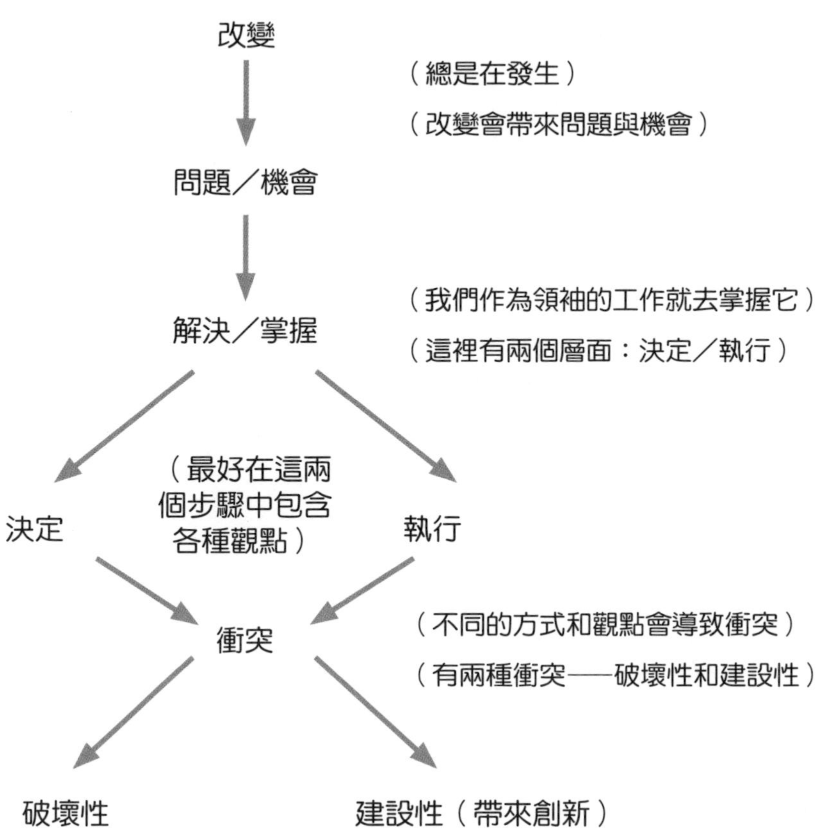
改變
（總是在發生）
（改變會帶來問題與機會）
問題／機會
（我們作為領袖的工作就去掌握它）
解決／掌握
（這裡有兩個層面：決定／執行）
（最好在這兩
個步驟中包含
各種觀點）
決定
執行
（不同的方式和觀點會導致衝突）
衝突
（有兩種衝突——破壞性和建設性）
破壞性
建設性（帶來創新）

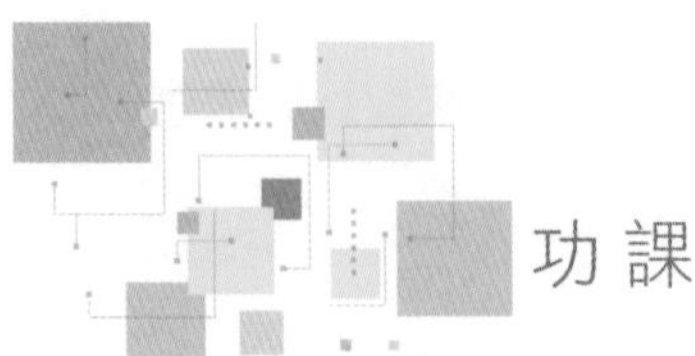

功 課

- 和另外一個人坐下來討論你企圖建立的信任，以及討論每個人可以做些什麼來建立這份信任。
- 和另外一個人坐下來並告訴對方你深深尊重他的是什麼。

保留和創造篇

第27章 價值

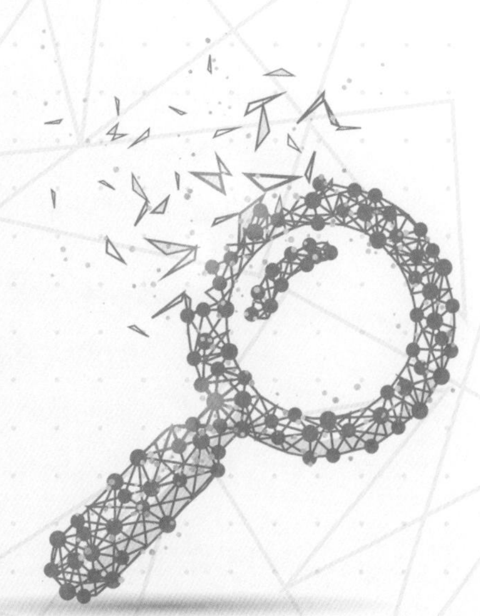

請記住，高效能領袖力的關鍵在於激勵其他人創造非凡的成果。我們雖然主張文字（語言）可以激勵人心，但是──**沒有什麼比自己個人的例子更能激勵他人**。

所謂領袖是，他們說真正認為的，並且以身作則。但，大多數「所謂」領袖都想說出偉大的事，卻只做他們想要做的事──開會遲到、固執、控制別人等，仔細想想，這樣是無法激勵人們的。所謂領袖力是實踐一個人最高價值的行為，讓誠實實踐成為每天引發同事的最好例子。真正的領袖力是強化共識和協議，而不是服從和破壞。所以，什麼是價值？這是個原則，一個自然法則的行為，它比一個信念還具備更深層的含意。它有時候被解釋為，你為什麼寧死也不放棄的理念。一些關於價值的例子如下：

- 我重視生命。
- 我重視與家人連結。
- 我重視我的國家。
- 我重視別人的權利。

如果你想找到自己的價值，這裡有一個功課。

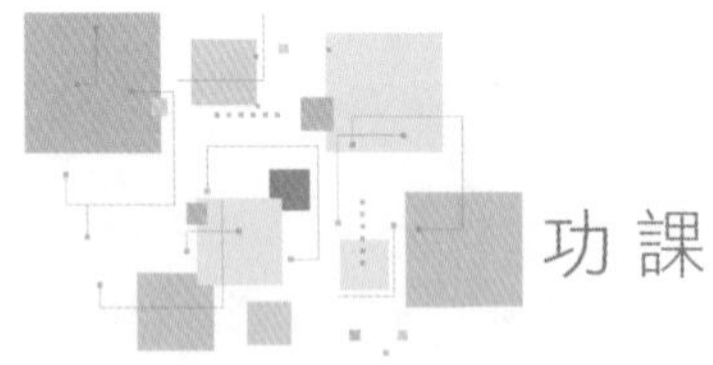

功課

想三個你非常佩服的人，但不一定要真正認識他們。寫下他們每個人讓你欣賞的特質。看看這些特質，並選出 2 ～ 4 個，對你來說，最重要且珍貴的特質。這些可能就是你的價值。

當你定義好一些主要的價值後，接下來很重要的是將它運用在每天的生活裡。實實在在說出你的價值，每天將它展現出來。價值觀導向的領袖用本身個人的範例來帶領，並激勵其他人也一起做相同的事。

如果你選擇做的話，這是本章最後的一個練習：

- 下承諾——我承諾每天透過誠實實踐自己的價值去引發其他人，並支持他們實踐他們的價值。

簽名　　　　　　　　日期

保留和創造篇

第28章 自信

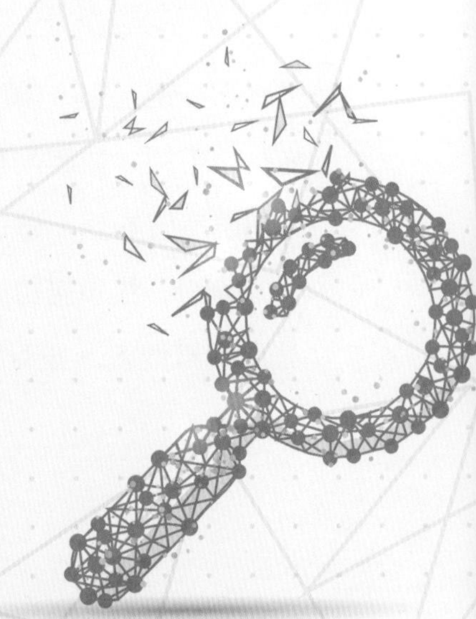

如何更有自信的最佳方法就是，停下來檢視自己為什麼缺少自信。這是一個無意識、簡單、容易且每個人都會做的事。做法如下：

・步驟1：相信，自信是必須透過達到好的結果才能獲得。基礎在於——我的結果。如果我的結果是很棒的，我有自信。如果我的結果不是一直很好，我沒有自信。

・步驟2：這是非常簡單且常見，將自己和結果與別人做比較，專注於那些比你做得更好的人身上。

你有發現我們多麼容易沒自信嗎？我們從很小開始就學會的，不管在學校、運動、兄弟姐妹、朋友，甚至是我們所不認識圈子，諸如社群媒體、電視和報紙上不斷看到學習而來的。

比較練習，列出一份清單：

- 你和怎樣的朋友做比較？
- 你和哪一個家人做比較？
- 你和怎樣的同學／同事做比較？
- 你和新聞中怎樣的名人做比較？

請在上述清單中的每一個人，列出至少 3 ～ 4 個常見的比較，例如：他們看起來更好、他們比較聰明、他們穿得更好、他們更有名、他們更有錢、他們擁有更好的東西（衣服、車、腳踏車、頭髮等等）。

如果你真的花時間去做以上的練習，將會知道這有多常見——你每天都在比較，甚至沒有注意到「比較」是多麼讓人疲憊。而在這個情況下，**你永遠不會贏**。

好的，那麼就讓我們停止比較而成為更有自信的人！但不幸的是，這並不容易。有兩個重要的情況將我們困在框框裡。

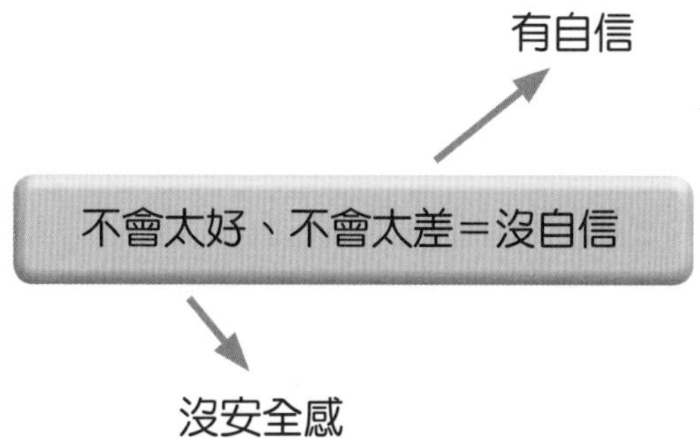

1. 舒適圈

我們沒有自信，也沒有安全感，所以我們的舒適圈是「**沒自信**」，就是缺乏自信。

2. 習慣

從很小的時候開始，我們就從父母、祖父母、老師、朋友、朋友的父母，或是社群媒體中去學會自我比較，甚至是自我批評。他們全教導我們改進的方式就是要自我批評，然而我們對自己的批評比對別人還多。事實上，如果我們對待別人的方式跟我們對待自己一樣的話，就會沒有朋友。此外，如果自我批評是可以改進的話，那現在的我們不就應該很完美嗎？

那要如何從一個不好的習慣（自我批評和沒自信）變成一個好的習慣（評估結果或改善／提升自信）？

有意識（留意-不要懶惰／偷懶）

＋

練習

＝改變

因此，依靠舊的習慣，不留意又偷懶，不練習新的方式，就會讓我們停留在「沒自信」。

還有什麼阻礙了我們，讓我們陷入困境呢？

很不幸地，朋友、家人、媒體、社群媒體、廣告——幾乎每個人、每件事都是為了讓我們留在舒適圈所設計的。我們的舒適圈對其他人來說也是舒服的，如果我們改變太多，甚至是變得更好，這會讓其他人感覺不舒適。

假如，你對生命裡的 20 個人說：「我感覺好棒，我有自信。」有些人會祝福你，有些會跟你爭論，部分的人會想要你跟他們分享覺得棒的理由。如果，我們說有自信的理由僅僅只是想要更快樂這麼簡單？你覺得這個理由充分、足夠嗎？

被阻礙的範例

墨西哥的海邊有漁夫在販售小螃蟹。漁夫將這些小螃蟹裝在一個小口的簍子裡。當螃蟹活著的時候，牠們很容易就能爬回大海，但牠們沒有這樣做。因為當一隻螃蟹嘗試著逃跑，其他螃蟹就會把牠拉回簍子裡，直到他們都死亡為止。通常，我們也都是如此對待自己和身邊的人。

要學習有自信必須透過改變我們的習慣。本章的關鍵問題是「我如何放下自我批評、罪惡感、羞恥、我不值得和我需要符合標準？」這是一個很好的問題，在某種程度上，你只要決定去做，然後開始就可以。但我們將教導你，去創造一個新穎、有力量、強大的計畫。

你在進入建立自信的過程，有三個成功的關鍵：

1. 期望
2. 聚焦
3. 誓言（每天的自我肯定）

期望

你千萬別期待自己可以快速地感到有自信且持續有自信，那麼你將會再一次體驗到失望。有一句古老而有智慧的話是這麼說的：「**降低你的期望，但提高你的承諾。**」

聚焦

大多數的我們，所學到都是聚焦在自己不好的地方，以及生活中不好的事情上面。

把你的注意力從黑點移開並聚焦在下面的問題：

- 你擅長的是什麼？
- 你對什麼感興趣？

試看看，你將會感覺很不一樣。

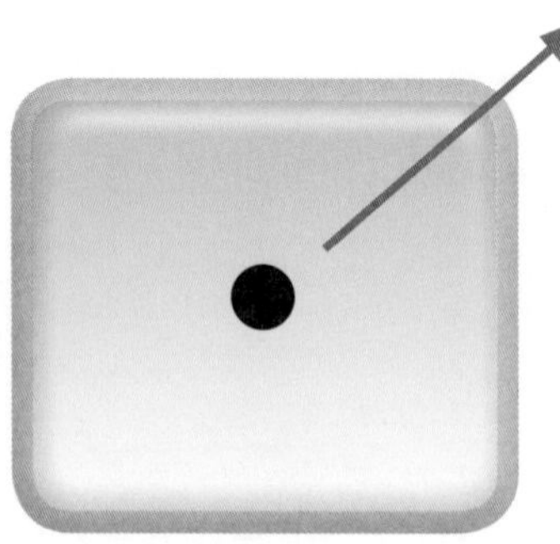

把我們的注意力放在黑點上，而不去注意黑點外其他美好偉大的東西。

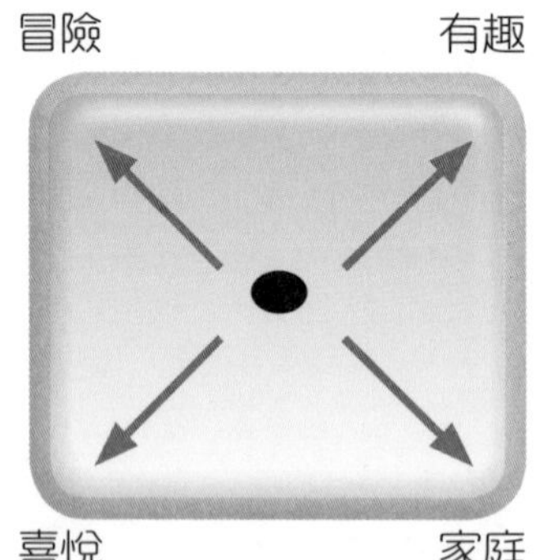

誓言（每天的自我肯定宣言）

在每天的開始與結束做自我肯定宣言，練習將它變成每天的生活。請注意，剛開始的時候可能聽起來不太真實，但很快地就會引起共鳴。自我肯定宣言是簡短易記的真理，以下是一些能引導你的範例：

- 我是自信開心的。
- 我是個有力量充滿愛的女人。
- 我是個有力量充滿愛的男人。
- 我是個對別人來說很重要的人。
- 我是個值得愛自己的人。
- 我是個願意付出同時願意關愛人的人。
- 我是聰明和美麗仁慈的人。

我相信你明白如何去寫。將你的誓言整理並寫下來，每天練習，一天比一天更相信它，與生命中對你重要的兩個人分享，學會愛自己。

恭喜你！讓自己更有自信。

Note

刪除篇

DELETE

刪除篇

第 1 章 自我中心

有個古老的笑話，一個自我中心的人會說：**「我已經說很多關於我自己，現在何不換你們說說我呢？」**這裡的關鍵是自我中心的人從不厭倦把焦點放在自己身上。在企業環境他們會有下列行為：

- 主導對話及會議。
- 中斷其他人的說話或表達他們對別人故事的批判。
- 不理會其他人的想法。
- 把別人的想法變成他們自己的。
- 被動／侵略性，自我中心的人會安靜地觀察，並認為他們是對的——你是錯的。

很不幸地，還有很多數不盡的自我中心行為，我們也知道他們是如何。但問題是，為什麼你會選這個章節去刪除呢？如果是因為你有足夠的自我醒覺，或是你收到很多的回應而明白你的焦點只在自己身上，那很棒，因為這是很大的一步。很多自我中心的人都不覺得這些適用在他們身上，他們非常肯定世界是圍繞自己轉的，而世界必須承諾他們的幸福快樂，因為他們覺得自我中心是比別人高一等。讓我們深入看一下——你是否如此自戀，以至於你認為它不適用於你呢？如果是，你可能需要找專業人士幫忙，就算你不滿被說關於你的種種。相反地，如果你想學習如何將焦點放在別人身上，可以有更好的連結，告訴你——是可以的！

但更切要的問題是，該怎麼做呢？

- 多聽，少說。
- 有意圖想要了解別人。
- 感謝別人。
- 去接觸大自然，不管爬山或到海邊，認知到自己有多麼渺小。
- 去做義工，但不用大肆張揚。

為什麼要做這些麻煩的事呢？因為在刪除的這個選項裡，自我中心的人會讓人越來越遠離你。身邊的人不會跟隨靈感和有共識的。如果你有權威，他們只會遵守。所以你既不會領導，也不能成為高效能領袖。如果本章節適用於你，醒過來吧！在本書的總結裡，會有一些關於「領袖力是一種關係」的內容，請記得至少閱讀兩次。

刪除篇

第2章 恐懼

在這個章節會涉及兩種不同恐懼的行為模式。

第一種稱為**害怕的**：被定義為經常感到焦慮和壓力，因為害怕採取行動，害怕犯錯，害怕看起來糟糕，又或者害怕惹上麻煩。

第二種稱為**恐懼驅動**：很不幸地，這個行為模式常常被用在企業界，用恐懼推動，他們灌輸和創造恐懼讓人們按照他們想要的方式行事。

害怕的行為模式

如果這是你想要刪除的一個行為模式，也請參閱**脆弱**和**勇氣**章節。人們通常表示，他們想要「**擺脫恐懼**」，但不行的。恐懼有它自己的位置，可以防止你走近超速行駛的卡車（真正的恐懼）。關於恐懼最重要的問題是：

- 它是真實的危險恐懼，還是被自我、形象、害怕被拒絕等等以為的恐懼？
- 你被恐懼所控制了，還是你控制了恐懼？
- 如果你想要控制恐懼——要勇敢、冒險和願意脆弱。

恐懼驅動行為模式

如前所述，這是一種企業領導力中常用的方法，因為非常普遍，它不需要任何權威或高層位階才能執行。通過關注「**還會出什麼錯**」，恐懼驅動的主管和企業創造了非常高的壓力、焦慮，在恐懼驅動的文化下，員工會於每天工作結束後感到精疲力盡，他們每天需要拖著自己去上班，經歷痛苦的工作和生活。當詢問他們時，大部分的人會否認有將自己投注在這種恐懼的工作或家庭環境中。但是請停下來，看一看，你是否專注在問題和後果？你有跟別人談論過後果嗎？你是否曾以後果恐嚇別人？甚至可能撤回你的在乎或支持？

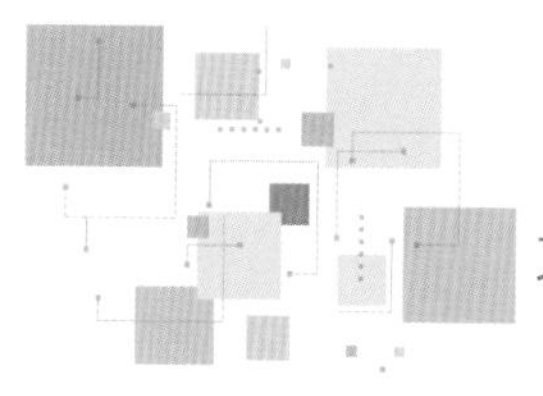

功課

去跟一些人要回應，讓他們知道不會有任何後果，請他們給你最真實的回應。最後確保你有問他們：「我要如何做才能改善我們的關係？」

删除篇

第3章 不誠實

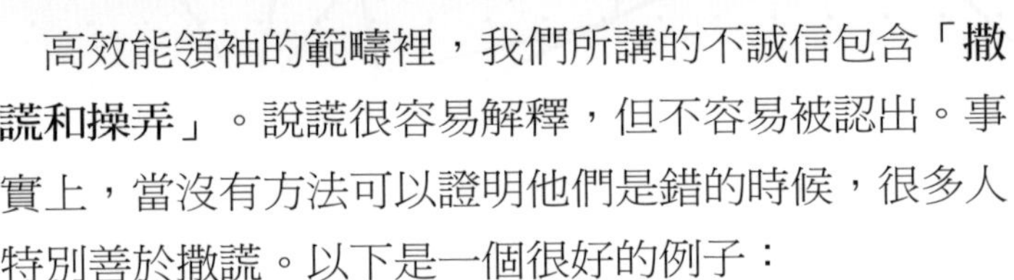

高效能領袖的範疇裡，我們所講的不誠信包含「**撒謊和操弄**」。說謊很容易解釋，但不容易被認出。事實上，當沒有方法可以證明他們是錯的時候，很多人特別善於撒謊。以下是一個很好的例子：

「以前經理朱力安在的時候，他告訴我可以在星期五遲到。」朱力安已不在這間公司工作了，這個謊話就無法被挑戰，我們稱這樣的謊話為「玩安全謊言」。當一個人因為要得到一樣東西而撒謊，並且不會被拆穿時，他們通常會依賴此狀況，就是用「**是另一個人說的**」這樣的字眼去對付另一個人。

另外一種十分常見撒謊的方法就是「**遺漏**」。這位發言人不僅沒有說出「真相」，全部的真相，而是分享了一部分事實，並且隱藏或遺漏其餘部分。為什麼會這樣呢？因為講一部分比較不會產生問題。如果你曾作為一個青少年的父母親，應該很清楚就知道以下例子的謊言是什麼。

父母：你要去哪裡？
女孩：出門去。
父母：去哪裡？
女孩：去看電影。
父母：還有誰跟你去？
女孩：就是和一些朋友去啊！
父母：會有男生去嗎？
女孩：會。
父母：幾個？
女孩：一個！
父母：所以就是去約會。
女孩：對！

這是一般青少年（女生）與父母會有的對話，女孩試著想省略一些事實。事實上，有些情況可能還需要更多時間去找到真相。在公司裡，員工會忽略一些事實，他們的版本大部分都是為了顧及自己。

當然還有一種謊言叫**直接利益謊言**，通常是明確、有意識的選擇欺騙。另一種謊言在企業界非常有名，英文叫做 putting SPIN on something，中文解釋為對一件事加以**渲染或加油添醋**，我們不確定這個詞是從哪裡來的，但意指透過渲染以便使其處於有利地位或博得別人對其產生好感，這樣的模式在美國政治系統上相當普遍。

以下是一個企業上渲染的例子，這家公司由於產品失敗而造成傷害，因此發表聲明：「因為我們始終致力於客戶的福祉，我們正在測試一些新的生產方法和產品安全性。」有沒有發現這個聲明並沒有提到任何關於發生的問題。

這個刪除的章節真正令人傷心的部分是我們可以繼續，又繼續談論關於撒謊，因為有太多不同的變化。但相反地，讓我們問問自己為什麼經常撒這麼多的謊？看起來撒謊的企圖心是要逃避一些東西，或者去操控別人以便拿到我們想要的。我們很害怕誠實，好像我們必須學會說謊。小孩就是非常糟糕的說謊者，如果你詢問他們是否有偷吃餅乾，他們會說：「沒有。」就算他們滿臉沾著餅乾屑！

那我們要如何對待撒謊呢？請參考**脆弱**、**勇氣**和**誠實**章節。

撒謊打破了信任並摧毀了高效能領袖力。

刪除篇

第4章 不誠信

很多年前，我（Jack）跟祖父聊天，他是個幫忙送郵件到農村的郵差，已送郵件達 50 年之久。他告訴我，他從未錯過一天將郵件送達。我問他：「祖父，但不是有些時候你會生病，或者天氣真的很糟糕導致路無法通行嗎？」「是的。」他回答。「但你還是沒缺席過一天，為什麼？」我問他。「因為這些人他們指望我，而我承諾過他們啊！」祖父這樣回答。當下我不知道要說些什麼，我從來沒有看過如此的誠信程度，我所認識的每個人，他們的承諾不是真的承諾，他們會因周圍狀況而定。別誤會我的意思，我並沒有鼓吹你要跟我祖父一樣，我所表達的是為了要在誠信的水平上運作——高效能領袖，我們的想法和做法就必須被挑戰和刪除。如果我們以便利為前提，而破壞承諾，這就是不誠信。我們必須改變這樣的想法——**我是承諾的，除非……**（這是困難的或不方便的）。

如果你已經準備好去挑戰自己關於誠信——說到做到，那問問自己：

- 你有多少%的協議，還是跟別人保持著？
- 你最常說的藉口是什麼，讓你可以不用說到做到？
- 你有多少%的協議，還是跟自已保持著？
- 你最常說的藉口理由？

我們常說，當去挑戰人們關於為什麼要破壞協議時，他們會回答「我沒有藉口理由」，這聽起來很荒繆，當然有藉口理由啊！或許應該說是有原因的。

請記住，如果**實際結果＝承諾**，根本就不需要有任何原因。

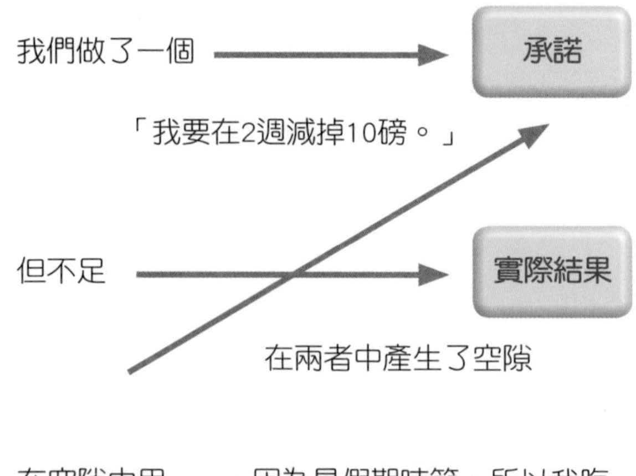
我們做了一個
承諾
「我要在2週減掉10磅。」
但不足
實際結果
在兩者中產生了空隙

在空隙中用藉口&原因填滿：

- 因為是假期時節，所以我吃了很多。
- 我太忙了，沒空運動。
- 我的其中一個小孩病了。
- 又或者用辯解——至少我減了4磅。

如果你想刪除破壞承諾的這個習慣——不誠信，你或許可以先問問自己，因為這樣你要付出什麼代價和後果？

後果

通常後果都很小，所以我們並不會覺得有什麼影響，就像如果我們開會遲到了，不會因此被遣散，於是都不會想太多。但是，有時候後果很大，我們就會改變行為，不是因為我們重視所說的話，而是我們想要避免後果。如果在學校裡遲到了，可能會被大罵或被踢出教室而讓你感覺丟臉，所以你會確保自己準時。這樣的調整讓人覺得多麼的可悲啊！因為我們並沒有學習到去珍惜自己所說的話，其他人也沒有，我們只是避免後果。

停下來好好想想，**如果你的話一點都不重要，你也一點都不重要！**

以下有個可以考慮的觀點：

- **後果各不相同**：取決於協議內容、與誰，以及環境狀況。
- **代價並無不同**：每一次都要付出。

代價

當我們自己破壞了協議，或是並沒有被發現破壞協議時，就需付出代價。

- **信任減少↓**
- **自尊減少↓**

那我們可以試著做些什麼去打破這個破懷協議的模式呢？

1. 停止過度承諾。我們太常允諾一些根本做不到的協議，因為害怕拒絕別人，但大部分最後總是會破壞協議。

2. 重新協議。有時候你可以重新協議和創造出新的協議，但這通常都需要在原本協議結束之前完成。

3. 成為不合理去保持協議。問問自己，如果我說到做到就可以收到 1 千萬元，那你會改變什麼呢？

請記住：

人們是不會跟隨一個不誠信的領袖。所以說到做到，成為一個高效能領袖。

第5章 控制

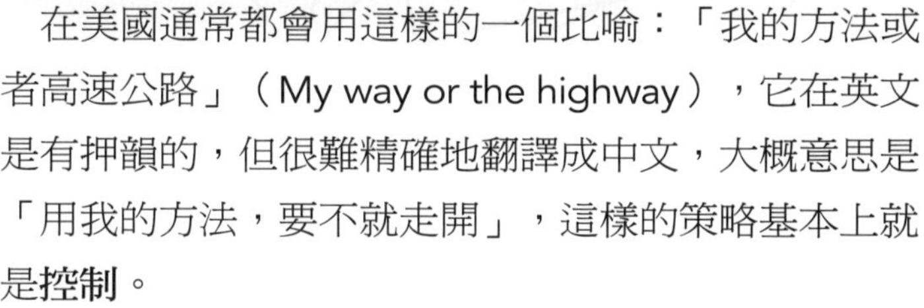

在美國通常都會用這樣的一個比喻：「我的方法或者高速公路」（My way or the highway），它在英文是有押韻的，但很難精確地翻譯成中文，大概意思是「用我的方法，要不就走開」，這樣的策略基本上就是**控制**。

有些人想要去控制，以至於可以讓他們餵養小我，他們喜歡去告訴別人要怎麼做，通常也把自己看得比別人優越，因為他們充滿批判，所以和他們在一起並不好玩，人們只是遵從他們的要求，但很少將他們當成想跟隨的領袖，他們也從來不鼓舞別人。

但是，大多數的控制者並非**自我中心**的人，他們是**信念**推動。什麼意思呢？他們相信可以透過控制去讓別人成功。一般情況下，他們在授權方面是很糟糕的，因為最終極的控制是「我自己來」。如果你是這樣的人，醒過來吧！

如果是以關心為出發點，人們通常喜愛方向和意見，但控制導致怨恨——即使它是有意旨且溫和的。控制者熱衷成為領袖，並只在乎結果而非人。他們通常是任務導向，如果速度太慢很容易無聊。他們偶爾會用他們的渴望冒犯他人，讓人停止說話並活躍起來。他們可以是很有要求的，通常只關注自己的目標。他們通常是非常沒有耐性，而且從不在乎自己或其他人的感受。

如果以上有一些或全部聽起來有些熟悉或正確，以下這些功課提供給你。

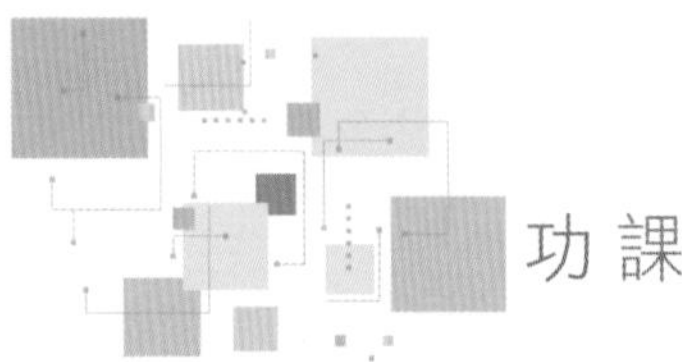

功課

- 試著聆聽。不要期待別人知道你在乎他們，你要常常告訴他們這點。
- 練習合作和不分彼此，保持感恩的心！

删除篇

第6章 受害者

如果你選擇這一章節要刪除，還可以參考保留和創造篇中的**負責任**章節，因為它是受害的相反，可以讓你知道有什麼是需要替代的。而這個章節最寶貴的地方是提醒你，成為一個**受害者只會讓自己沒有力量和無能為力**，你真的想要生命這樣嗎？在這我們並非是說你或我從來都不受害，當然我們都有過。但真正的問題是，「你是否為了一件事，一直讓自己處於受害者的位置數天、數週、數月、數年，甚至一輩子呢？」這都是你自己的選擇。但或許我們問問，為什麼有些人持續一直重複地當受害者呢？答案是，當受害者是可以讓我們得到一些好處的。因為我們無可指責，會受到同情，有時還可以用可憐去操弄或控制別人。還有一個好處是，因為當我們沒有力量和無能為力，就不用讓自己脆弱和不用勇敢去冒險，我們早就為自己會失敗建立很好的藉口了。

例子

- 失戀讓我太傷心，導致我的工作失敗。
- 我可以因此感覺很好，由於我可以在工作上持續奮發，而感覺比別人優越。
- 一如其他負面感覺，一直感受到受害就可以保持我的信念和感覺是對的──這是一間很糟糕的公司和一群很糟的人。

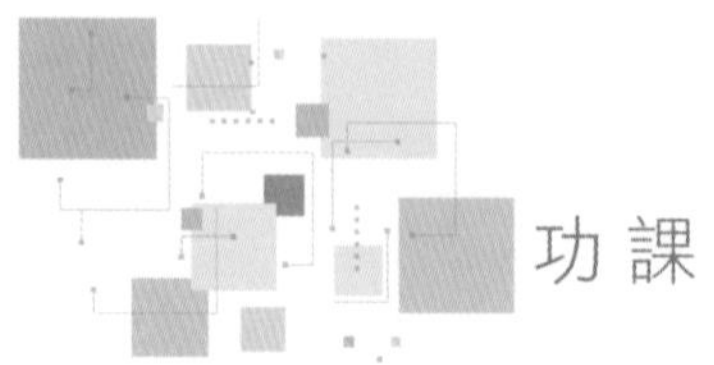

就算你是一個受害者，去學習應學的功課，看到它帶給你的禮物，繼續堅強往前，這是你的選擇！

第7章 固執

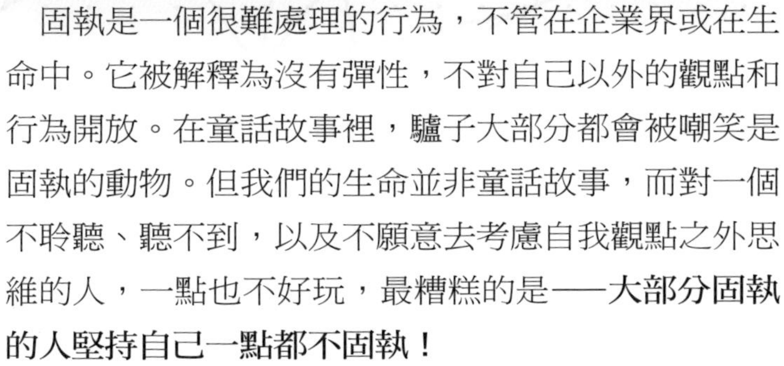

固執是一個很難處理的行為，不管在企業界或在生命中。它被解釋為沒有彈性，不對自己以外的觀點和行為開放。在童話故事裡，驢子大部分都會被嘲笑是固執的動物。但我們的生命並非童話故事，而對一個不聆聽、聽不到，以及不願意去考慮自我觀點之外思維的人，一點也不好玩，最糟糕的是——**大部分固執的人堅持自己一點都不固執！**

事實上，他們覺得自己是對的，而忽略別人提供的建議，包括事實。在美國很多固執的人堅持全球暖化是一個傳說，不管多少科學家提供真實的數據，也無法改變他們的想法。讓我們來復習在開放章節中的圖表（固執的相反）。

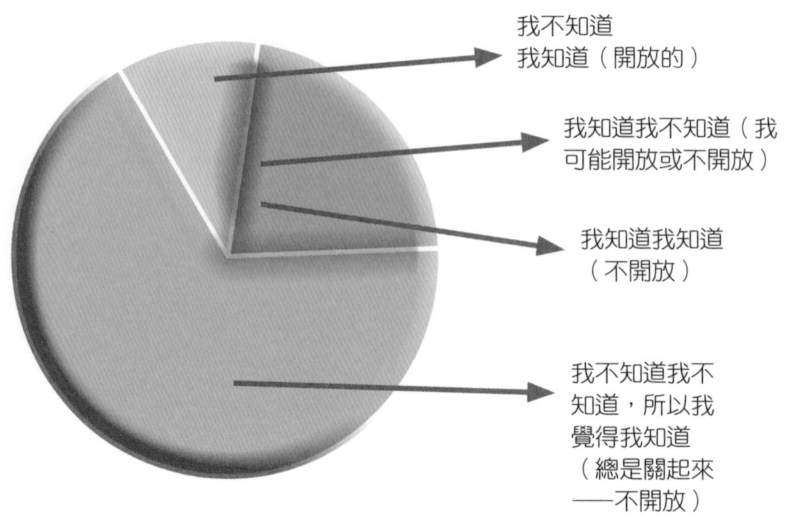

▲知識階段圖

這個有時候我們會稱為**無意識的無能力者**。我在某些東西上是無能力的，但因為我並沒有意識到，所以我不開放——固執。例如：「我知道我對關係滿厲害的，因為我已經結婚 4 次了。」

有時候我會問，跟一個固執的人或群組相處感覺如何？人們通常會回答：「就好像將自己的頭硬敲在牆壁上的感覺。」這真是一個很棒的形容，因為**牆壁是無法改變的、無法移開的，而頭是會痛的**。

所以要如何去處理頑固的人呢？

1. 你自己也不要固執，要不所有的東西就會卡住。

2. 不要強逼他們改變，他們就像驢子一樣，不會改變主意的。

3. 專家說，最好的辦法是讓他們參與其中，聽取他們一點意見，詢問他們一些建議，並且避免讓他們感覺錯了。

或許你可以送他們這本書，將**開放**那一章節，用紅筆圈起來！

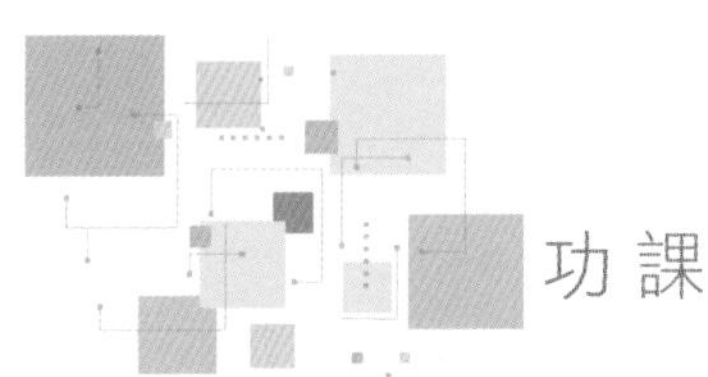

功課

如果你是一個固執的人，去要些回應，並做些改變。沒有人喜歡跟固執的人相處，所以你會很快留意到，如果你繼續固執的話，便沒有人想跟隨你！

刪除篇

第 8 章
拖延

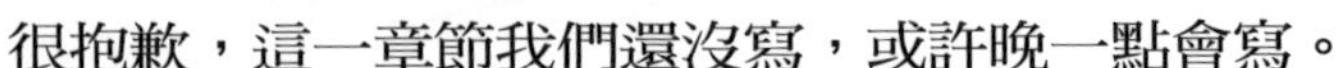

很抱歉，這一章節我們還沒寫，或許晚一點會寫。

看到如上的敘述你是否笑了？會心一笑是因為你太熟悉拖延的感覺，是嗎？或許是！這裡有一個例子，多年來，很多從心動力畢業的學生想知道我（Peter）何時要寫一本書，我通常總是帶著謙虛的微笑回答：「總有一天。」拖延了幾年後，用很多很好的理由推遲，最後我的同事 Jenny 要我坐下並說：「開始說，我把它寫下來。」結果便是我的第一本書因此問世。事實上，是那本書造就了這本書。

讓我們從一個大膽的斷言來開始本章：

拖延不是一個計畫，
它僅僅是一個懶惰、恐懼和逃避的組合。

幾年前在一般公開的工作坊中，我們經常去要求參與者停下來，並檢查關於他們延遲行動的想法或看法，也被稱為拖延。我們會要求他們填寫以下空白處：

一旦 ______________________________，

我就會 ____________________________。

人們真的會感到驚訝，有多少他們在日常生活的東西可以填上去。有些真實的計畫，例如：一旦我從醫院畢業，我就會成為一位醫生。然而，大多數是簡單的等待問題，等待其他人邁出第一步，例如：一旦他們說對不起，我就會再一次跟他們說話，並成為朋友。或是等待一個感覺，例如：一旦我準備好，感覺對了，我就會冒險，並要求約會或換工作或戒菸或開始運動。

而最常見的，是等待一個「恰到的情況」，例如：

一旦	・我有更多的時間 ・小孩長大 ・我有更多的錢 ・經濟更好一點 ・我老了 ・我有更多的能力

我相信你已經意識到這樣的思維模式，因為我們大多數的人在大多數的時間都是這麼做。為什麼？答案是顯而易見，只要我們推遲並且拖延我們就──**不會失敗，也不會看起來很糟。**

所以，停、看、思考一下──假若我從來都不踏出第一步的話，事情要如何去改善？

那我如何帶領自己跟其他人去到高效能？答案是──我不行！

現在，你看到了拖延的代價，你要如何清除它？

就像改變習慣一樣，需要有意識地專注和練習，以下提出的功課或許會有幫助。

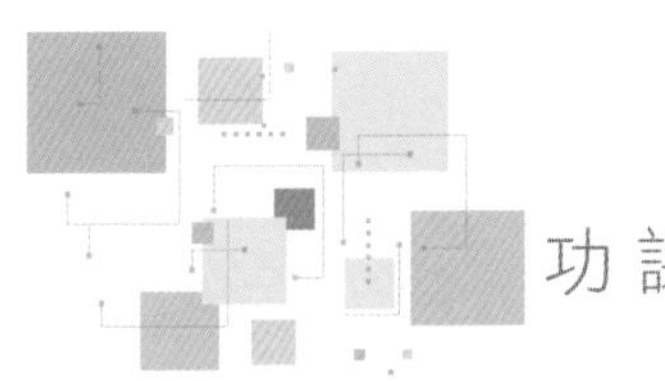

功課

- 列出你所有「一旦……」的想法清單，並選擇兩個開始行動。
- 設定每週的目標計畫表，並在每次完成目標後做上記號確認。

請記住：

清除可能是困難的，但它是值得的。

本書總結

如果你在旅程中做到了「高效能領袖之道」這點，恭喜你。請記住，學習新的技能和清除壞的習慣需要時間。因此，持續地練習。我們看過高階主管將本書裡部分的內容放在手邊，並經常參考特定的章節。

雖然，我們已經很努力去為保留、刪除、創造提供一個詳盡的表單，但我們知道還有很多其他的特質並未被包含在內，例如：謙卑、毅力（耐心）、同理，也是很適合被列入的。因此，請自由去創造和研究屬於自己的表單。

最後，運用這個工具和洞察力來建立動力。你會發現就算不是全部，大多數特質與其他特質也是有關聯性的。下列有一些範例：

- 開放使其合作、使其創造、使其創新。
- 脆弱帶來冒險及勇氣，它驅離你生活中的恐懼。
- 非凡降低了壓力。
- 建造地基讓團隊透過共識去鼓舞並授權。
- 信任和尊重是影響他人承諾和貢獻的價值觀。
- 自我覺察連結它們全部。

在理想的情況下，我們致力於為你帶來了改變，你將繼續其他相關事宜。請了解，雖然我們已經為「保留和創造」提供了 28 章，但沒有哪個高效能領袖能夠全部展現。如果你可以練習和熟練〈保留和創造篇〉中 6 ～ 8 個章節，並清除 8 個負面習慣，你將成為高效能領袖。恭喜你！

作為最後的一點，這裡有一些關於人際關係的想法。我們聽過人們談論，他們自己作為領袖，同儕和他們的老闆作為領袖。看起來大部分的人都想從他們的領袖那裡獲得相同的東西。他們想要誠實、有能力、激勵、願景，最重要、也是他們最想要的是特質──品格、信譽和在乎。人們希望信任他們的領袖且能夠相信領袖對工作／團隊和個人等等是忠誠、充滿興趣和熱情的。他們想知道領袖是否具備了領導的知識和技能。如果人們不相信傳送者，他們就不會相信傳送的訊息。如果高效能領袖在某種程度上要在領導關係中做到有效又高雅的話，那麼則必須注意和處理多樣化的關係。雖然我們大多數試圖保留專業的提問者，而不是專業的回答者，但我們在此想要重申對領袖和領袖力的一些看法。

1. 每個人都可以——我們認為人們對於天生的領袖和誰是最優秀的領袖太著重了。當在面對挑戰及承諾時，人們有難以置信的力量和能力。每個人都有成為領導的自我特質。

2. 改變需要承諾——每個人都說他們願意改善，並提升他們的領導思維和技巧。但是，很少人真正願意為此付出代價。這些真正願意付出代價的人，通常都會在這趟旅程和終點獲得獎勵。

3. 重要的品格特質——你留給後人的東西將反映在日常行動、選擇、決定和習慣中，人們想要信任有品格和價值的領袖。《就是品格》一書的作者湯瑪斯・利奇科納（Thomas Likcona）分享了這首詩：

當心你的思維想法，它會成為你的語言
當心你的語言，它會成為你的行為
當心你的行為，它會成為你的習慣
當心你的習慣，它會成為你的性格
當心你的性格，它會成為你的命運

最後，我們堅信，這個計畫的成功完全在於每一位參與者。

我們很榮幸幫助你記起你的偉大！

Note

國家圖書館出版品預行編目(CIP)資料

高效能領袖之道 / 盧偉雄 , Jack Zwissig 作 ; 張薰妍譯 . --
一版 . -- 臺北市 : 城邦印書館出版 : 聯合發行 , 2019.08

面；　公分

ISBN 978-957-8679-79-5(平裝)

1. 成功法 2. 自我實現 3. 領袖

177.2　　　108012418

高效能領袖之道

作　　者 / 盧偉雄 Peter Lo、Jack Zwissig

譯　　者 / 張薰妍 Jenny

製作統籌 / 翁桂敏

企畫編輯 / 張靜怡

美　　編 / 林皓偉

出　　版 / 城邦印書館股份有限公司

104 台北市中山區民生東路二段 141 號 B1

電　　話 / (02)2500-2605

傳　　真 / (02)2500-1994

網　　址 / http://www.inknet.com.tw

發　　行 / 聯合發行股份有限公司

231 新北市新店區寶橋路 235 巷 6 弄 6 號 4 樓

電　　話 / (02)2917-8022

傳　　真 / (02)2915-6275

出版日期 / 一版一刷 2019 年 8 月

定　　價 / 320 元